是誰發明了時間

從天文、曆法到時計的時間簡史

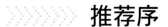

推荐序

蕭國鴻

機械工程博士
國立科學工藝博物館研究員兼展示組主任

　　現在幾點？何月何日要回家？

　　現代人可以很自然地說出時間和日期，理解日昇日落、月有盈缺的原理，認識時鐘讀出時間更是小學中年級的基本課題。然而，科學是需要好奇心與行動力的啟發，對於這些習以為常的時間知識，我們是否曾在心底發出微弱的聲音萌生問號，問一句「時間為什麼是這樣規劃？」，我想，大部分的人都未曾想過。制式教育的知識傳播，掩藏了大多數人的好奇心，認為時間和曆法不過就是如此，一天 24 小時，一小時為 60 分鐘，一分鐘為 60 秒，一年有 12 個月，平年為 365 天，1 月、3 月、5 月、7 月、8 月、10 月和 12 月有 31 天，2 月有 28 天，其餘月份為 30 天；閏年為 366 日，在 2 月增加一日為 29 天。但是，時間曆法這人為的文化產物並非如此理所當然，而是眾多前人經過歲月的淬鍊、長時間的「觀象授時」而來，《是誰發明了時間》一書引領大家穿越這一長串的旅程，揭起心底的問號。

　　初次接觸《是誰發明了時間》一書，便對其書名產生了興趣和疑惑，激起我翻閱的動力。讓人感興趣的是對時間這習以為常的生活常「物」或生活常「務」，為何有這麼多的內容可以進行專書論述；疑惑的則是對於書名中的「發明」二字，這一般用於表達創造出非自然物的詞語，為何本書作者卻用之於發明時間。然而，細細品味後就能了解作者的巧思，時間由長期的紀錄歸納演變

成曆法制度，天文則需要天文觀測和演算儀器加以記錄，這些隱藏於時間背後的人類大智慧，確實讓「發明」一詞顯得適得其所，恰如其分地點出時間的奧秘和精髓。

　　《是誰發明了時間》涵蓋自然、科學、人文、社會、史學以及科技等多元領域，全書始於宇宙觀和天文現象，介紹地球、太陽、月亮和各行星的特性及其銀河系裡的位置，說明他們的週期性運動，由地球上的觀測者描繪出天象週期，為讀者建立一個天體運行的 3D 空間模型，仰天繪製出一座天文大時鐘。接著，本書引領讀者前進，漫步過時光長廊，述說著中西方的天文學和曆法制度的演變脈絡，尤其是對於古代中國曆法的彙整說明，讓熟悉西曆 (國曆) 的現代人對陌生卻又血緣親近的古中國曆法有更深層的認識。全書最後衍生出天文和計時機械裝置，著眼於鐘錶發展的過去、現在和未來，帶出等時性相關學理和發明家，並從巨觀至微觀，逐步拆解鐘錶機械裝置的機構系統，雖說為讀者在時計機械作結尾，但似又留下未完待續的無限遐想。此外，本書在專業知識描述之餘，對網路信息加以辯證澄清，融入許多神話、文學、軼聞和民間信仰，除了豐富並潤飾全書內容之外，更與生活貼近和連結，讓讀者在閱讀之際增添趣味性。

　　閱讀此書猶如參觀一場展示或觀賞一部動畫，全書的時間軸線從古至今，場景由宇宙轉換至地球，彷彿就是由遠至近的電影運鏡，隨著年代的發展產生天文學和時間曆法，推進轉換至天文機械和鐘錶，整體內容充實精彩、主題豐富多樣，值得推薦給廣大讀者佐一杯咖啡或紅酒細細品味與時間對話。

作者序

五十載尋初心

林俊杰
世德精密有限公司 創辦人及董事長
寶德錶業（惠州）有限公司 創辦人
國立臺北科技大學香港校友會 會長 / 永遠榮譽會長

　　回憶過往，至今仍難以相信一個電子工程的畢業生，十年後會從事鐘錶製造且作為一生的事業，在手錶產業馳騁浸濡近五十載，過程中真是充滿驚喜、挑戰及感恩。1974 年，桃園南崁皇一電子公司，由陳春霖董事長、陳敬賢總經理、蘇植三工程師及本人成功開發了「液晶石英電子錶」。這是繼美國及日本之後，成功開發此項技術的公司之一，也是台灣創舉，迄今我仍在這個產業不間斷的耕耘中。

　　《是誰發明了時間》成書出版的初心源自於 2005 年春天，也就是本人專注於手錶製造業的三十年後。某天到車間視察時，無意中看到品保同事將手錶指針調整到『星期、日曆、時、分、秒』顯示，剎那間腦中閃現一個問題：「它們到底代表甚麼意思？」在這股好奇心的驅使下，促使我開始注意「時間」背後的意義。為解開自己的疑惑，於是透過各種鐘錶展覽（地方性及國際性的）、涉獵有關時間文化及曆法的書籍、大量蒐集網路上的新聞及資料等，並利用工作之餘閱讀、自修及研究。也因此從而恍然大悟，自己從事了數十年的「時計」製造產業，原來是匯集幾千年以來天文學家、科學家、數學家、哲學家、藝術家們的創造成果及智慧結晶。現在再到車間看著一款款製造出來的手錶時，眼

底浮現的古人的科學和智慧成就，當中包含了天文、曆法的知識、還有製造「時計」的工藝。遂強烈地讓我萌生了契機，來分享這些知識沿革變遷的過程。

經過十年的孕育，在 2015 年與洪士勛博士，之後再邀請林建良博士共同合作，將曆法的研究做了整理，並借鏡天文、曆法、時計等世界各古文明地區盛衰演變的故事，著手編撰成書的工作。讓坊間有興趣的讀者不必辛辛苦苦尋找相關的知識，能在本書中了解世世代代累積下來關於時間的智慧，也把當初想要與別人分享的起心動念付諸行動。

在車間的同時，自己也已省思為何西歐國家所制定的曆法、發明的鐘錶，會普遍被世界大部份的國家採用，並在產業及教育方面也有廣泛發揮應用；反倒是東方中國或其他文明古國的曆制研發成果，都僅限於個別文化族裔或朝代。於是本書特別把中國天文曆法的演變，從萌芽時期如何借鑑天文知識應用於日常生活，如辨別方向、定季節、定時辰等做出簡單分析；其實遠在中國春秋時代，人們對天文就有了一定程度的認識，發展出一套較為完整的天文體系；到了漢朝，更是中國天文科學發展極為昌盛的時期；然而從宋代初年到明末天文觀測的科學雖亦然盛行（例如製造出蘇頌水運儀象台，是當代最先進的天文計時器），但時間測量的應用技術及發展狀況，推測卻受制於當時皇權制度而只限於宮庭範圍流傳，未能推廣到平常百姓的使用，實為中國曆法演變沿革之憾。中國古代所制定的天文曆法現代稱為農曆，實則屬於陰陽合曆，雖只限於在華人地區使用。但在現代天文學中存在相當份量，對於曆法的貢獻至今仍屹立不搖，不僅是計算月亮的朔望，確定月份的大小和閏月的安置，推算節氣的時間間隔等編制日曆的工作，而且還包括預告日食和計算行星的位置等，這些創見與現代的天文年曆都很接近。

反觀西方曆法的源頭來自於古羅馬曆，經由羅馬最高統治者儒略凱撒大帝

（46 B.C.），集埃及、巴比倫及希臘曆法的優點，最終集其大成的儒略曆。之後經屋大維及 1582 年格里高利十三世羅馬教皇最後修訂的格里曆，並廣為全世界使用至今。歐州約從十三世紀在翻譯大批阿拉伯文的天文、機械及其他科學知識，加上基督徒及歐洲地區活躍的經濟力推動下，天文學的變革與觀測天文裝置的發明屢屢創新。在 14~18 世紀時，機械時計的理論及工藝發明也有著前仆後繼的改革，使得西方鐘、錶產業計時器長期佔據世界舞台數百年，並影響地球上每一個人，這些演進應該也是西方文明至今能獨佔鰲頭的一部份縮影。

　　本書中為讀者特別繪製的「時間之樹」，將本書時間內容的輪廓以時序梳理，讓各時代智者為時間所作出的貢獻及其成果一目了然。藉此時序圖讓讀者可以在短時間內了解本書所傳遞的內容。書中編寫中、西方曆法演進的時序，除可供讀者知道今天使用的西曆的源頭外，也可供讀者針對中、西方「天文、曆法、天文儀器的學術和智慧」進行比較。本書第七、八章分享今日最出名的瑞士製造的鐘錶，以及其他鐘錶的來源紀錄：如最早的鐘是在英國製造並普遍使用，但英國在曆法、天文儀器方面並沒有很多貢獻的記錄。

　　順帶一提，編著本書的期間也是個人一路在學習的過程，明白社會文明的進步，有賴早期東西方天文學家長時間觀察天象、設計儀器、發現天文自然規律並編制一套我們稱為「曆法」的週期秩序以符合日常生活需要的法則。它支撐人們可有節奏地生活，同時也增進物質與精神文明的進步。雖然本書呈現的好像是過時的科技，但藉著它的編撰工作，個人和幾位天文學淵博的教授，利用近代科技來研製我們將來可能移民到其他行星的曆法，徹底燃起本人對曆法運用的激情和前瞻性，期望不久的將來可推出衍生產品饗以讀者，也期待可啟發天文愛好者的創造靈感。

　　本書內容的資料來源甚廣，介紹的時空可追溯至西元前幾千年，幅員廣闊橫跨歐亞非洲，雖然盡力考證，但礙於知識浩瀚無涯及部分資料時間久遠，因此難免有「疏忽錯漏」，還請讀者們多多包涵及指教。本書能順利出版，本人與洪士勛博士及林建良博士特別要感謝北京清華大學科學博物館高級研究員林聰益機械工程博士及城邦出版集團饒素芬女士的大力支持與幫助，我個人也非常感謝家人對我的支持，還有羅丹天時品牌經理方介中先生的校稿輔助。在編輯期間同時收到許多來自學校及博物館單位的協助，有代為審訂出書方向的建議，也有為本書提供寶貴的圖文資料，點點滴滴豐富了本書的內容和糾正了原稿中的錯漏，在此一併向他們表達衷心的感謝。

機械工程師的天文與古機械之旅

林建良
成功大學機械工程 博士
科學工藝博物館副研究員

　　筆者 2004 年畢業於國立成功大學機械工程學系，持續於該系研究所材料與製造組研讀碩士學程，於 2006 年順利畢業並取得上銀科技碩士論文獎。原該投入於機械產業成為一名機械工程師，在晃晃悠悠地等待兵役問題結果之際，自學工業設計並報考成功大學相關研究所，有幸錄取之時才發現需下修大學部多數必修課程，幾經思量之下，決定於同年報考機械工程系博士班機構設計組，也讓從未想過念博士班的我，在人生上做了一個大轉彎。

　　顏鴻森教授是筆者的博士班指導恩師，亦是引領其進入古代機械和古代天文學研究之人。猶記得初次參加顏教授實驗室 group meeting，顏教授只要求仔細聆聽，一個月後再回覆是否真的有意研修博士學程，以及對其實驗室感興趣的研究主題，畢竟這是一個關乎真心全意投入研究的開端。世事總是如此湊巧，筆者參加的第一次會議便聽到一個令人深感興趣主題，跨時代的黑科技–「古希臘安提基瑟拉機構」，一片片於海底沉默了近兩千年碎片殘骸，經歷了 200 多年多位跨領域學者們研究接力，終於拼湊出一段消失的西方機械史，解譯了一座精巧設計的天文計算機。原來，機械、歷史和天文可碰撞出如此迷人絢爛的火花，至此我徹底淪陷了，投入古代天文機械的研究領域，以安提基瑟拉天文計算機復原研究為題，自 2010 年至今發表了 SCI 及 EI 論文十餘

篇，並於 2016 年由 Springer Beijing 出版專書 "Decoding the Mechanisms of Antikythera Astronomical Device"。

2016 年 6 月，筆者至科學工藝博物館服務，有感於古代機械研究成果不應侷限於學術的象牙塔，便開始於博物館工作上進行研究的科普轉譯工作，將艱深晦澀的學研成果轉化成普羅大眾可接受的科學內容，並將古代機械的復原成果開發成木製組裝教具，結合 STEAM 和 MAKER 教育理念辦理科教活動，並在博物館場域透過各式展示手法，為古代機械教育推廣盡一份心力。2020 年，筆者經由國科會專題研究計畫的支持，由安提基瑟拉天文計算機復原成果中開發出三款木製可組裝式模型教具，可模擬內行星和太陽週期性運動，解說逆行運動，可說明陰陽曆法調和計算。2021 年第一屆臺灣科學節活動，筆者於科學工藝博物館規劃並建置渾儀展示單元，3 公尺高的仿製蘇頌渾儀搭配模擬星空布幕，使民眾在導覽人員的解說引導下，可實際操作天文機械測量星體，體驗古人天文學的智慧。

2021 年 3 月，來自南台科技大學機械工程學系所林聰益教授的一通電話，串聯起我和羅丹天時公司林俊杰董事長及洪士勛博士的緣分，幾經討論和思量下，決定與二位共同開啟了本書的撰寫工作。從資料蒐集、史料考證、初稿撰寫和修正、架構修整、全文改寫等工作，歷經 2 年多的努力，專書終在 2023 年完成。本書內容多元，介紹宇宙天體、天文週期、天文學史、時間與曆法、時計裝置的歷史發展、機械時計構造解析、時計裝置的未來等資訊，主題涵蓋東西方天文學。本書開端為認識天體，為讀者建構一個閱讀基礎，接著從天文運動的週期引入時間概念，闡述曆法的人為制定，從中西方天文學說和曆法的對照，加深兩者不可切分的鏈結，深切地強調「觀象授時」的理念；本書最後一個章節為天文時計裝置，可作為前述各章節的應用和總結，將觀象授時實體

化，透過機械和電子等方式成為了鐘和錶。人們常因習慣而忘了初衷，而時間
就是這麼一回事，日曆本上怎麼記載，我們就如何過日子，似乎忘了曆法因何
而來，忘了日子應如何過，如何計算。本書試圖喚醒人們對於時間曆法的疑問，
並對此提出詳實的論述，也算是本書的小小貢獻。

　　研究的道路是孤獨的，但是孤獨的研究成果可藉由文章撰寫與人分享，筆
者願藉此書與讀者同好共享之。

讓時間之樹播種

洪士勛

寶德錶業集團 時間之旅總策展人
聯合國訓練研究所氣候與環境 博士研究
倫敦藝術大學博物館設計教育 培訓導師

「蒼穹之下，星辰銀河懸掛在天際，我們躺在沙灘上，共同凝望著天上星海，妳帶著月光般的笑容問我，你知道什麼是時間嗎？我笑著回答，我不知道，但是我知道時間是誰發明的，妳想聽嗎？」

　　作為「羅丹天時時間之旅」的總策展人，在寶德錶業集團創辦人林俊杰董事長的不遺餘力推動下，我們投入了相當長的一段時間蒐集「天文、計時、曆法」相關的資料與文獻。我們的目標是透過時間科普展覽，向公眾和青少年傳遞古代天文、計時和曆法的深厚知識。這個旅程跨越了時代，從遠古的基礎啟蒙，穿越近代的關鍵發展，直到探討現代及未來可能的演變和進步。

　　在「羅丹天時時間之旅」的科普展覽中，除了古代天文與計時儀器的展示，我們也同步開設天文、機械、時計等領域的 STEAM 課程，這些課程旨在啟發創新思維和跨學科學習。同時，我們也資助學術研究者，支持他們在這一領域的研究工作。我們認識到，知識的傳播既需專注細節，也要視野廣闊。基於這一理念，林俊杰先生和我決定將我們的經驗和心得匯聚成書。在這一過程中，我們有幸邀請到林建良博士加入我們的團隊。他在古代機械研究和科普轉譯方面的豐富經驗，為我們的研究工作增添了重要的學術價值。我們希望《是誰發明

了時間》這本書的出版，能夠像我們所參考的諸多著作和資料一樣，為更多時間科普愛好者打開知識的窗口，使時間科普知識更加普及。

在探討古代天文的發展模型之前，我們首先需理解其背後的科學原理和方法論。古代文明如何能夠如此準確地掌握時間的規律，並廣泛地應用於日常生活呢？例如，古埃及人高度重視天狼星的觀測。當天狼星與太陽同時在晨空中出現時，這被視為尼羅河即將泛濫的前兆。同樣地，古巴比倫人密切關注五車二（御夫座 α 星）的動向，認為其晨升象徵著春天的到來。這些觀測反映了當時社會對天文與氣候現象的深入理解和應用。

古希臘地處愛琴海巴爾幹半島，航海業發達。因此，他們特別注重觀測一組稱為「航海九星」的星群，包括軒轅十四、角宿一、心宿二等。這些星群的赤經差略相等，宛如夜空中的明亮燈塔，指引著航海者的方向。在古中國，心宿二星的昏見象徵著春耕播種季節的開始，這在黃河流域和夏商時期尤為重要。這些例子展示了不同文明如何根據其地理位置，選擇重點觀測的天體，並從中提取實用的時間測算與知識。

正是這些細緻的觀測，促使了「天文與曆法」方面的決定性進展。古埃及在尼羅河流域的觀測成果不僅促進了時間制度的建立，更是世界上首部太陽曆的發展基礎，其原則和價值觀被保留下來，成為現代西曆的基石。同樣，古希臘的天文學研究奠定了西方天文學的基礎；中國的二十四節氣至今仍被廣泛應用；計時器的演化則從高達 12 米的天文鐘塔，演變至現代人手中精巧的天文鐘錶，顯示了技術與科學的驚人進步。

本書精心描繪了「天文、曆法與時計」的重要成果，深入探討其基本概念、理論和方法，在章節編排方面，以貼近事件本身的演化脈絡，並精選學術詞彙，以便於讀者日後查閱和理解。從古代到現代，「天文、曆法與計時」之間的緊

>>>>>>>   >>>>>>>

　　密聯繫，體現了人類對自然界深刻的理解與尊重。從最早的文字記錄開始，人
們就記錄了天文現象，如星辰運動、日月食等。這些記錄隨著時間的流逝變得
越來越豐富和精確，反映了人類對氣候環境觀察的深化和科學方法的進步。

　　《是誰發明了時間》這本書，體現了對古代科學智慧與機械科技的深切敬
意，強調了這些學問對當今社會永續發展的影響。我們認識到，通過尊重過去
的智慧並將其應用於當今的挑戰，可以促進環境保護、社會進步和良好治理的
融合。希望這本書能激發大家重新思考「時間」的方式，提供新的見解與線索。
我們也期待學界同行和讀者的寶貴意見，協助我們推動本系列書籍的持續性出
版，促進知識的傳承和社會責任的實踐。

⟫⟫⟫⟫ 目錄

目錄

第七章
結合天文觀時與
時間測量的古代時計　218

目錄

前言

宇宙中的每一件事都受時間影響，無論是鬱金香、人類還是恆星，所有事物都會逐漸衰老，隨著時間的流逝而衰變。衰變的速度可以變化，但是物質不是永恆的，最終都將消失。

　　人們經常將金錢視為他們最寶貴的資源，因為它可以讓你購買所需和想要的東西，而且你可以儲存金錢，但是，時間是無形的，一旦消失，它就消失了，你的錶可以有同樣的 10 點 10 分，卻無法找回同一段時間，所以時間是最寶貴的資源。

　　科技發展至今，人們理所當然的了解一些關於時間的知識，同意時間是宇宙中最神秘的力量之一，知識的躍進也沒有改變人們生活的一切都被時間束縛的感受。我們通常描述時間的三個階段——過去、現在和未來，我們利用過去學習，也為未來做準備。人類有文明以來，真正擁有的唯一時間是當下的現在，「現在」是我們唯一能將時間及空間合而為一的，於是人們想要更準確地掌握時間的變化，從日升月落、四季交替的週期的變化發明了曆法，從運用日影的方位來計時的古老日晷、利用水流和沙流以流量計時的漏壺及沙漏，一直到更加講究的計時工具應運而生。計時的方式及裝置的發明，在人類文明覺醒之初就一路跟隨時代發展的腳步，書寫屬於時間發明的旅程。

　　莎士比亞在他的劇本《馬克白》中寫道：「讓每個人成為他的時代的主人。」因為我們一天只有數個小時，而且我們不知道能有多少天，所以掌握或管理我們擁有的時間可以在生活的各個方面產生巨大影響。應用時間大至國家民族的治理，小至個人生活，從遠古時期就非常重視。各個文明因地制宜的利用各種方式「發明時間」，創造出一門屬於他們自己計算時間週期的學問。而這些叫做曆法的創造史，自遠古以來便是天文學的延伸，可以說是人類史上其中一門最早的應用科學。曆法由來已久，一般都相信它的出現最初是為了滿足農業的需要，幫助古人計算適當的播種與收割日子。有了曆法，時間不再是模糊的記憶，而是可以計算的規律，可以記錄過去發生的事、籌劃未來的行動，正如為時間寫了日記。

　　荷西‧阿圭列斯博士（Jose Arguelles）在《宇宙歷史編年史》（Cosmic History Chronicle）一書中，提到：「誰擁有你的時間，就擁有你的心智。你只要擁有自己的時間，你就會瞭解自己的心智。」時間是屬於心智的，在你的意識控制當下，你就能在共時性的普遍因素下擁有特權，時間就是你的特權的工具。這本書中的故事，過去到現在世界各族國家採用的曆法，便載明了擁有時間的特權。

　　時間也能夠利用工具做傳承，例如鐘錶就是美好的物品，它們是存在

好幾世代的工藝設計，並且未來仍能長久保存。有一個世界知名的鐘錶品牌的廣告詞說：「沒人能真正擁有它，你只是幫下一代保管它罷了！」沒錯，不論什麼珍愛的物品陪你在人生的道路上同行，精彩的永恆最後也許只有星星們知道，但工具是我們看見時間最直接的證據。文明越發達，對時間的管理要求越高，更高精度的發明和使用又代表更先進的科技和生產力，象徵著人類文明走向歷史的更進一階。

天文、歷法與時計從發現與創造的發展，一路都離不開人類文明的進步，《是誰發明了時間——從天文、歷法到時計的時間簡史》整理自許多相關知識的內容，雖然無法鉅細靡遺的陳述歷史，但這些過去都是你和我今天共同的現在，是誰發明了時間，誰也說不清楚，但是未來的時間發明，可能也有讀者你的參與。

第一章

太陽系之歌

「天地玄黃，宇宙洪荒，日月盈仄，辰宿列張。」這段千字文的妙筆，是否描繪《盤古開天闢地》的場景？

太陽系住了誰？

　　南朝梁周興嗣著《千字文》，書中第一句寫著「天地玄黃，宇宙洪荒」。「天地玄黃」出自《易經》的天玄而地黃，天是深藍且神祕，地是黃土；「宇宙洪荒」出自《淮南子》與《太玄經》，宇宙開始於混屯未明狀態，「宇」字好比中國古代建築的屋簷，向上翹曲延伸，引喻為無限延伸的空間，表示上下四方；「宙」字雖然沒有字源解析，從字形上有如房屋的支撐，而後被引用有古往今來的意思。因此，「宇宙」一詞包含有時間和空間的意思，「宇」表示空間，「宙」表示時間。

　　從科學的觀點來說，「宇宙」是包含地球和所有存在天體，是一切可知物質各種存在形式的總體。這一個我們所藏身的時間和空間，開始於 150 億年前的一場由超高密度的粒子無限坍塌引起的宇宙大爆炸，也是目前描述宇宙發展最廣為接受的起源論點。科學的限制下，宇宙的大小雖未有定論但幾乎被認為是無窮大的，在 20 世紀初期，美國天文學家愛德溫·哈勃發現星系具有系統性的紅移現象，表示宇宙正在持續擴張，著名的阿爾伯特·愛因斯坦雖然也從他的廣義相對論計算中發現這個結果，但他卻並不這麼認為，所以提出了宇宙常數來限制宇宙的無限擴張。到了 20 世紀末期的觀察，宇宙是由一股巨大的暗能量推動成長，而且存在許多未知形式的暗物質。

　　「星系」英文為 galaxy，源自於希臘語的 galaxias（γαλαξα），是宇宙中一個重要的存在，由許多恆星、宇宙塵埃、暗物質等組成。目前發現且編入目錄的星系數以萬計，如：仙女座星系（仙女座）、波德星系（大熊座）、大麥哲倫星系（劍魚座和山岸座）、三角座星系（三角座），這些星系中當然也包含了銀河系。

　　星系的大小差異甚大，有幾億顆恆星組成的矮星系，也存在擁有幾兆科恆星的巨大星系。在還沒有發明天文望遠鏡的年代，星系都被認為是螺旋星雲，到了望遠鏡的輔助觀測下，星系被歸類為三種主要類型：橢圓星

系、螺旋星系和不規則星系，無論何種形式，這些星系都繞著質量中心運行。

　　銀河在古文明中就被發現，古希臘的科學家們曾推測天空中的光亮銀河是遙遠的恆星或是炙熱的燃燒氣體。1610 年，伽利略的天文望遠鏡觀測證明它是由許多恆星匯集而成。「銀河系」僅是眾多星系之一，位於人馬座的中心，為螺旋星系中的棒旋星系，外觀像螺旋狀風車，由中心向外延伸出棒狀的螺旋臂。至於銀河系外的星系，也可統稱為河外星系。

　　太陽系不是與銀河系同為星系，而是僅為銀河系的一部分，位於銀河系外側的獵戶臂（Orion Arm，全名稱獵戶 - 天鵝臂）。太陽系屬於「行星系」，是一種以恆星為中心而其他各種天體繞著恆星運行的天體系統，成員包含太陽、行星、衛星、彗星、矮行星、小行星群、流星和宇宙塵埃等。目前已知宇宙中仍有其他行星系的存在，例如：距離地球約 2545 光年的克卜勒 -90 星系（Kepler-90 Planetary syste），擁有 8 顆行星，與太陽系有著極為相似的結構。

　　在 2006 年國際天文學聯合會決議後，目前公認的太陽系由太陽、8 大行星、5 顆矮行星、66 顆衛星（原有 67 顆，冥王星的衛星被剔除）以及無數的小行星、彗星及流星體組成的。在經歷早期的渾沌狀態後終歸穩定，系內天體各不相同且各據山頭，但它們恪守本分，圍繞太陽有序地運轉。

太陽

　　太陽系是單一恆星系，只存在太陽一個恆星，佔了整個太陽系總質量的 99% 以上，強大的質量吸引其他行星繞著它運行。太陽的赤道半徑約 695700 公里，是地球的 109 倍，體積接近地球的 130 萬倍，整體是由電漿形成，不具有固體的表面，但形成接近完美的球體，太陽核心主要進行融合反應，使太陽產生巨大的能量，帶有高能量的光子穿過太陽的對流層和輻射層，為地球提供光和熱。除此之外，太陽具有強大的磁場，影響太陽

黑子、太陽閃焰、太陽風（恆星風）等活動，更會擾亂地球無線電通訊和電力系統和衛星定位等，太陽舉足輕重的角色，牽動著地球上我們的生活。

太陽是天空中最明亮的物體，有著炎熱、剛猛、光明正大的象徵，在科技尚未有足夠發展，人們不能探究太空，以科學的方式挖掘太陽的真相之前，多以神祇的方式表示對太陽的尊崇，這樣的觀念在許多古文明所發展的宗教和神話上均可見文獻紀錄。

古埃及文明中稱太陽神為「拉」（Ra），是埃及神話中九位主神之首，乘坐太陽船航行於天空和地府，白天乘坐「曼傑特」（Mandjet），夜晚則為「麥塞克泰特」（Mesektet）。古巴比倫文化中的太陽神為代表著正義的「烏圖」（Utu）或「沙瑪什」（Shamash），他們認為太陽神的力量源於月亮，顯示出其民族對於月亮的重視。阿茲特克古文明中，世界由五個太陽組成不同時期的太陽紀元，人類經歷了「土太陽」、「風太陽」、「火太陽」、「水太陽」等四個太陽紀後，進入「托納蒂烏」（Tonatiuh）的太陽神時期。希臘和羅馬神話中的太陽神為奧林匹斯十二主神之一的「阿波羅」（Apollo），其形象經由電影早已深植人心，在神話描述中每日駕著馬車由東方地平線升起，為世界帶來光明。

中國自古以來就有關於太陽的神話傳說，祭祀太陽更成為國家重要典禮，相傳自炎帝時期就存在祭祀太陽神的儀式，《禮記》也記載「凡祭日月，歲有四焉。迎氣之時，祭日於東郊，祭月於西郊，一也」，北京城東郊的「日壇」，即是古代皇帝祭祀太陽的地方。中國古籍中常將太陽的意象想成是一隻具有三隻腳的烏鴉，稱為「三足烏」、「金烏」或「赤烏」，因此在中國許多出土文物中可見各類鳥圖騰，對於鳥崇拜的證據著實不少。《山海經·大荒南經》中記載，帝俊是上古天庭創立者之一，為至高無上的天帝，與居住在東方的「太陽女神羲和」生有十個太陽，因此有了神話中的后羿射九日的故事。

月亮

　　《山海經·大荒西經》，「月母常羲」為天帝「帝俊」其中一位妻子，生活在西方，與帝俊生下了十二個月亮，於是有了十二個月的說法。

　　月亮，天空中除太陽外最為明顯的星體。若說白晝時太陽光芒四射，展現陽剛之美，則黑夜時，冉冉月光一瀉千里，散發陰柔之媚，因此在眾多文明擬人神話中，可見月亮常以女性角色出現，靜謐夜空所襯托出的神祕色彩，演繹出許多神話、傳說和故事。雖然月亮皎潔明亮，可見日月爭輝的形容，但太陽和月亮本質上就不相同，月亮並不會發光，人們看到的月光只是反射的太陽光。

月球結構

　　月球，俗稱月亮，是地球唯一的衛星，也稱地衛一。月球赤道半徑約為 1738 公里，體積 2.1958×1010 立方公里，質量為 7.3477×10^{22} 公斤，平均密度 3.35g/cm3。月球半徑雖然僅約為太陽的 1/400，體積來看更是太陽的 6300 多萬分之一，但因為月球和地球的距離較近，兩者距離約僅為太陽和地球的距離的 1/4 倍，使得從地球上肉眼可見太陽和月亮為兩個尺寸差不多的個體。

　　「皮膚有如月球表面」，相信會讓多數人又氣又傷心，這種感覺也清楚地表示了我們對月球表面的了解，17 世紀初義大利科學家伽利略製作第一架天文望遠鏡，為世人挖掘出月亮表面的真相，它並非像文人雅士形容的皎潔無暇，取而代之的真相是高低不平，坑坑洞洞的樣態。月球表面地貌複雜，有碗狀凹坑且邊緣隆起的「環形山」（或稱隕石坑），推測為隕石撞擊或火山所形成，也有稱為「月海」的低窪大平原，可能由火山熔岩造成，主要為月球玄武岩，當我們肉眼仔細遙望月亮看到的黑斑，就是月海的陰暗面所形成。

月球是有尾巴的，稱為「月球鈉尾」（Sodium tail of the Moon）。月球尾巴主要由鈉原子構成，由於太陽的輻射壓使得鈉原子沿太陽的反方向加速，形成一條遠離太陽且長達數十萬公里的細長尾巴，但由於太微弱，肉眼不容易觀測到。

月球沒有表面大氣層，因此沒有雲、雨、霜、雪、雷電等氣象變化，也因為沒有氣體可傳播聲音，所以月球上萬籟俱寂。月球的表面溫度差異相當大，主要由表面地形高低影響，與日照長短無關。以月球赤道來說，最低溫 -173°C，最高溫 118°C，平均溫度 -53°C；在 85ºN 處，最低溫 -203°C，最高溫 -43°C，平均溫度 -143°C。月球南極曾偵測到 -238°C 左右，而在月球北極曾有過 -247°C 的極低溫量測紀錄，是目前是太空船在太陽系中所測得的最低溫度，比冥王星的表面溫度還要低。

月球沒有月震，空間寬闊，南極發現有含水冰層，具有豐富的氦 -3 礦藏可作為無核子污染的發電資源，獨特的空間位置、特有的表面環境，以及潛在的開發利用價值，強烈地吸引著人們，成為人類開展升空探索宇宙任務的首選目標，是目前人類探測與研究程度最高的地外天體。

小知識 - 月球的氣溫

在月球南北極部分，月球北極的皮爾斯環形山邊緣有部分區域為永晝峰，在整個月球日中都被陽光所照亮，但是在月球南極地區並沒有類似的區域，因此在南極區的許多環形山底部是永久黑暗且溫度極低。月球勘測軌道飛行器在夏天時曾在南極量測過最低溫度記錄為 -238°C，在接近冬至時在北極埃爾米特環形山測得最低溫度為 -247°C。

週期性的月相變化

月亮自古以來常為文學和藝術創作的絕佳題材。宋朝大文豪蘇軾《水

調歌頭》「明月幾時有？把酒問青天，人有悲歡離合，月有陰晴圓缺」，
以一輪明月當空為景抒發情懷，道盡人間聚散自如月亮盈缺。

　　當我們望月時，第一直覺就是月亮那週期性變化的外形，由月球上發
光的部位所決定，稱為「月相」。發光部位實際是月球接受並反射太陽光
的表面，陰影部分是月球未接受到陽光的陰暗面，月亮、太陽和地球三者
間的相對位置，月亮和地球的公轉運動以及互不重合的運轉軌道面，產生
多變的月相。

　　作為地球的唯一衛星，月球繞著地球公轉，隨時間流逝呈現不同的面
貌。當月球處在太陽和地球之間，天球上月球與太陽有著相同的經度，日
月相合的情形為「朔」，此時月球有如背光的狀態，遮蔽住大部分的陽光，
這個時刻為「朔月」，也是「新月」，我們是看不見月亮的。月亮在新月
時隨著太陽一起下山，隨著公轉運動向東移動遠離太陽，被太陽照亮的一
側逐漸露出轉向地球，也慢慢地增加出現在夜空的時間。「眉月」時，月
亮在日落後出現在西邊天空；「上弦月」時，月亮在日落後出現在天中；「盈
凸月」時，月亮則在日落後出現在右邊的天空。從「新月」、「眉月」、「上
弦月」到「盈凸月」，月亮慢慢變胖了，月弓向西。

　　當月球運行到地球的另一端，地球處於太陽和月亮兩者之間，在天球
上經度相差180°，日月相望的情形稱為「望」，此時月球猶如面光的狀態，
反射了大部分的太陽光，這個時刻稱為「滿月」，這時我們可看到圓又大
的月亮，隨著日落時分即在東方升起。接著，月亮由圓變缺，從「滿月」
漸變為「虧凸月」、「下弦月」再到「殘月」，月弓向東，月亮也慢慢縮
短在夜空的時間，日落後幾時才自東方出現，出現在黎明前的東南方低空。
上弦月對於下弦月，新月對於殘月，形狀沒有什麼區別，但可見月弓和月
牙方向相反。

　　「朔」和「望」是週期性月相中兩個最明顯且容易觀察的形狀，可用
來判定月亮是否已經完成一次循環，許多曆法以月亮盈虧週期作為月長的
依據，我國的農曆就是其中一種，以「朔」為每月起點，初一、初二為新月，

初三、初四為眉月，初七、初八為上弦月，十一、十二為盈凸月，十五、十六為滿月，十八、十九為虧凸月，二十二、二十三為下弦月，二十七、二十八為殘月，周而復始的月相變化，從盈變缺，由缺復盈。

血月與月全食

　　月食發生時的紅色月亮，稱為「血月」。血月看來恐怖，但並非不祥之兆，在今日的科學已給予解謎。在月食發生時，地球位處於太陽和月亮的中間，在太陽光經過地球時，地球表面的大氣層將太陽光中的短波長的藍光散射掉，而屬於長波長的紅光則偏折到沒有陽光直射的月球表面，所以使得月食時月亮呈現似血的暗紅色。

　　在《通州志》和《香河縣誌》記載，明隆慶六年（1572 年），出現過「月色如血」現象。崇禎八年（1635 年）的《運城志》和《解州安邑縣誌》也記載了「月赤如血」現象。清道光三十年（1850 年）亦有「月赤如血」的天象。

藍月亮

　　藍月亮真的是藍色嗎？「藍月亮」一詞通常是指天文曆法的的一個情形，在曆法計算上，依據月亮週期，滿月平均每隔 29.5 天出現一次，而曆法中每月時間大月為 31 天，小月 30 天，兩者間出現了一個時間差，如此一來就會導致一個月可能同時出現兩個滿月的情形。

　　藍月亮現象由於對定義理解有所曲解，所以出現兩種說法。一種是「當一個季度出現滿月時，第三個滿月就被稱為藍月亮」。一種則是「在一個月內出現兩次滿月」。這兩者的定義會使這個額外的滿月出現在不同的時刻，也就是藍月出現的頻率不同，後者為目前最為通俗的定義。

　　事實上，藍色月亮是真的發生過的自然現象。我們知道月球本身並不

會發光，而是反射來自太陽的光。但是透過大氣懸浮粒子（如：大量塵埃粒子或煙霧）散射紅光並只讓其他可見色光通過的影響，穿過雲層的白色月光將會呈現藍色，甚至有時會略偏綠色，這就會讓人們在地球上的看到藍色的月亮。

1950 年加拿大欽恰加河森林大火和瑞典森林大火、1883 年的印尼喀拉喀托火山爆發、1980 年的美國聖海倫火山爆發、1983 年的墨西哥艾爾智瓊火山爆發、1991 年菲律賓的皮納圖博火山爆發等，在這些引發大量塵埃和煙霧聚集的事件後，都曾出現藍月亮的現象。

Blue moon 可形容「罕見、不常發生的事情」。「once in a blue moon」更可表示為「千載難逢」或「荒誕不羈」的事情。藍月亮並非表示大事即將發生，該情形雖屬罕見天文現象，但也並非極不尋常。加利福尼亞大學的天文學家葛列格‧勞克林（Greg Laughlin）說明：「藍月亮」沒有實際的天文意義，就好比狩獵月那樣，僅僅是一個名字而已。

1932 年緬因州農夫年鑑中定義藍月亮為：一個有四個滿月的季節，四個滿月中的第三個將被稱為藍月亮。然而，天文學家 James Hugh Pruett（1886 ~1955）在 1946 年的天文學雜誌《Sky & Telescope》上發表一篇文章 Once in a Blue Moon」，將這個緬因州的規定曲解為一個月內的兩個滿月，這個定義在傳媒的宣傳下變成了今天最廣為引用的解釋，即使後來天文學家證實這一說法是錯誤的。

八大行星與矮行星

曾經，天文科學家們將水星、金星、火星、木星、土星、天王星、海王星以及冥王星，這些圍繞著太陽週期運行的大行星稱為「九大行星」，與太陽形成眾所熟悉的太陽系模型。2006 年 8 月 24 日，在捷克布拉格舉行的第 26 屆國際天文學聯合會認為冥王星是介於行星和小行星間的星體，因此通過決議將它降級成矮行星，太陽系模型由「八大行星」取而代之。

　　天體充滿神祕的色彩，在科學真相發掘前多以神明來演繹，西方世界中多數星座是根據羅馬神話來取名，九大行星（把冥王星納入說明）也是如此，水星 Mercury 為神的使者、金星 Venus 為愛神、火星 Mars 為戰神、木星 Jupiter 為閃電之神（神王）、土星 Saturn 為農神、海王星 Neptune 為海神、冥王星 Pluto 為冥神（神王的大哥）。而天王星 Uranus 則取自於希臘神話的天空之神。

行星分類

　　Planets 的中文「行星」一詞最早出現在 1859 年的《談天》一書中對於哥白尼的地動說的描述。這本書是中國近代天文學重要的譯著，由偉烈亞力與李善蘭合作翻譯天文學家侯斯勒（John. F.W. Herschel，1792~1871）1549 年著作的 Outlines of Astronomy。

　　八大行星可從組成上可分為類地行星（Terrestrial planet）、類木行星和冰巨行星。類地行星也可稱為岩質行星或岩石行星（Rocky planet），水星、金星、地球和火星都屬於這一類，有固體表面和再生大氣層，主要成分為矽酸鹽岩石。類木行星（Jovian planet），也稱氣態巨行星（Gas giant），沒有固體表面，由原生大氣層包覆，主要由氫和氦組成，木星和土星屬於這類。天王星和海王星則為冰巨行星（Ice giant），或稱類海行星（Ocean planet），濃厚的外圍大氣層下包覆著如冰質般的表面，主要由氫、氦、和其他更重的氣體（如：氧、碳、氮和硫等）。

　　八大行星從太陽系的位置上來分類，可有兩種方式。一種以「主小行星帶」（簡稱主帶，為太陽系內火星和木星間的小行星密集區）為分界，內側靠近太陽為內行星（Inner planets），包含水星、金星、地球、火星；外側則屬外行星（Outer planets），木星、土星、天王星和海王星。另一種以「地球」為基準，地球運行軌道內側靠近太陽者稱為內側行星（Inferior planets）或地內行星，外側遠離太陽者稱為外側行星（Superior planets）或地

外行星。內側行星與地球的相對位置無法產生正交或相對的情形，只會在東西側產生最大角距，即東大距或西大距，水星約在 18°至 28°間，金星則在 47°至 48°間。

　　2006 年，國際天文學聯合會將行星和太陽系的其他天體分為三類。「行星」應該是位於圍繞太陽的軌道上，有足夠大的質量來克服固體應力以達到流體靜力平衡的形狀（近於球形），以及已經清空其軌道附近區域的天體。那些位於圍繞太陽的軌道上，有足夠大的質量來克服固體應力以達到流體靜力平衡的形狀（近於球形），但沒有清空其軌道附近的區域，以及不是一顆衛星的天體稱為「矮行星」。其他所有圍繞太陽運動的不是衛星的天體稱為「太陽系小天體」。

西元 2006 年國際天文聯合會將冥王星排除於太陽系的行星之外，定義為矮行星

肉眼可見的五星

　　肉眼可見的星星是指在夜晚的天空中，不需要藉助望遠鏡或其他設備就能夠裸眼觀察到的行星。而這五顆行星主要指太陽系內像地球那樣環繞太陽運動的行星，它們與地球的距離從幾億公里到幾十億公里，這些行星本身都不會發光，它們的亮光均來自於太陽光的反射。

水星

　　水星，八大行星中最靠近太陽的行星，公轉軌道半徑約在 4600 萬至 7000 萬公里間，具有八大行星中最大的公轉軌道偏心率，赤道半徑約 2439.7 公里，僅有地球的 38%，是八大行星中最小的行星。水星的大氣層稀薄，無法保持熱能，因此距離太陽雖近，但確有著相當大的晝夜溫差，白天平均可達 432°C，夜晚則為 -172°C。表面岩石的反射率只有 8%，同時因為蘊藏大量石墨，使水星成為太陽系最暗行星之一。水星由於大氣層中的鈉，因此在長時間的觀察下可發現有如哈雷彗星一般的橘黃色尾巴，稱為「鈉尾」。

　　中國古代以北極星作為天穹中心，以「子、丑、寅、卯、辰、巳、午、未、申、酉、戌、亥」等十二天干分成十二個方位，每一方位 30 度，稱為「一辰」。水星因為總是現在太陽的附近，相距約為 30 度（現今了解水星與太陽距離的最大角度為 28.3°），古人便把它稱為「辰星」。「水星」這個稱呼出自西漢的《史記 ‧ 天官書》，司馬遷把「五行」學說與五星連結，五行元素金、水、木、火、土所屬的顏色呼應行星觀測外表，水星略帶灰色光芒，便與五行的「水」配對，於是稱之為「水星」。

　　由於太陽光的影響，在沒有觀測裝置的輔助下，人們不太容易直接肉眼觀察到水星，也容易產生錯誤的辨識。古代西方世界中，水星曾被認為是兩顆不同的行星，分別在晨曦和傍晚時分於太陽的升起前和落入地平線後出現，因此便以羅馬神話的神祇進行命名，傍晚時分出現者稱為 Mercury，晨曦時分出現者則稱為 Apollo，而這個誤會一直到後來才由畢達哥拉斯解開，指出這兩者實際上是同一顆行星，即是水星 Mercury。

　　1631 年，皮埃爾‧加森迪（Pierre Gassendi）根據約翰‧克卜勒（Johannes Kepler）對水星運動的預測，成為第一個使用望遠鏡發現水星在太陽前移動的人，使人們對水星有了更深入的了解。

金星

　　金星，太陽系內距離太陽第二近的行星，赤道半徑約 6000 多公里，與地球半徑相差僅 650 多公里，質量則約為地球的 81%。由於體積大小和質量與地球相近，天文學家便把金星看作地球的兄弟星球。金星繞太陽運動的公轉軌道半徑約在 10700 萬至 10900 萬公里間，近日點和遠日點的半徑差距甚小，離心率小於 0.01，極為接近圓形的公轉軌道與其他行星的橢圓形軌道不同。

　　金星有著類地行星中最濃厚的大氣層，主要氣體為二氧化碳，使金星的大氣層質量約為地球大氣層的 92 倍，造成金星表面的大氣壓力約是地球表面大氣壓力的 92 倍，有如在地球上置身於海底 1000 米深處的感覺。除了令人窒息的壓力外，大氣層中高濃度的二氧化碳會產生強烈的溫室效應，使表面平均溫度高達 462°C，猶如一座煉獄熔爐，比距離太陽更近的水星還熱，成為太陽系中最熱的行星。此外，風速是金星一個特異的地方，金星雲層頂端的風速可高達每小時 300 公里，接近它自轉速度的 60 倍，僅需 4 至 5 天就可以繞金星一圈。

　　金星與太陽距離接近，相距只有 10800 萬公里，表面覆蓋的硫酸雲反射了 75% 以上的，因此是天空中除太陽和月亮之外，肉眼可看見的最亮一顆星。古代中國在春秋戰國之前稱金星為「太白」、太就是大，白是指顏色，也有「明星」或「大囂」的稱呼；在《史記 · 天官書》中對應「五行」屬色，白色屬金，稱為「金星」。金星英文稱為 Venus，是古羅馬神話中愛與美女神之名，源自於古希臘神話十二主神中同樣表示愛、美和性愛的阿芙蘿黛蒂（Aphrodite）的拉丁語。

　　金星和水星一樣，因內側行星的運行特性，在某些時節會早於太陽升起或晚於太陽落下，因此在天文觀測發展初期會被認為是兩顆不同的行星。古中國曾將金星認為是「啟明」和「長庚」兩顆星，「啟明」在早晨時東方出現，「長庚」在黃昏時於西方出現。西方古代也是曾有這樣的誤

認，古羅馬將早晨出現的金星稱為 Lucifer（曉星），黃昏出現的是 Vesper（金星），一直到畢達哥拉斯才發現兩者為同一星體。

火星

火星，因表面的氧化鐵而呈現紅色的星球。赤道半徑約 3396 公里，為地球的 0.53 倍，體積和質量僅略大於水星，是太陽系第二小的行星。火星公轉軌道半徑最接近太陽時為 20660 萬公里，最遠離太陽時為 24920 萬公里，是太陽系中距離太陽第四近的行星（第三為地球）。

火星的大氣層稀薄，大氣壓力約僅為地球的百分之一，主要為二氧化碳，佔有比例達 95% 以上，氧氣和水氣則不到 0.2%，大氣中存在許多塵埃，這些懸浮粒子使得星球呈現黃褐色。此外，稀薄的大氣層結構造成火星無法有效地保存熱量，地表溫度極低，平均溫度約為 -60°C，最高溫度只可到 27°C，最低溫度則為 -143°C，約與地球南極內陸平均溫度相同。

火星的亮度變化不定，明亮時可成為太陽、月亮和金星外最亮的星，亮度比天狼星高出三至四倍，但大部分處於比木星還暗的狀態。亮度起伏的主要原因來自於它與地球和太陽三者位置的影響。火星與太陽的平均距離為 2.28 億公里，但是與地球之間的距離則隨著各自公轉運動的位置而產生很大的變化，最近時僅相距約 5600 萬公里，最遠時可達 4 億公里。「火星沖日」是火星、地球和太陽排成一線，也就是火星離地球最近的時刻，約每隔 780 日左右出現一次；每隔 15 或 17 年，也就是火星會有一次非常接近地球的沖日，叫「大沖」。大沖前後一段時間，火星視直徑最大，亮度也是最亮，是地面觀測的最佳時機。

火星明暗不定且紅色的外表，充滿魅惑的吸引力，古文明的天文學家們在觀測中帶著許多想像。古中國先秦時期稱為「熒惑」，表示觀其外表亮度熒熒如火，令人疑惑不解；司馬遷依據五行學說屬色，紅色為火，在《史記‧天官書》中命名為「火星」。在古希臘文明中，因紅色外表仿

佛表示著憤怒與戰鬥，於是便以神話中的戰神「阿瑞斯」（Ares）命名，而在古羅馬文明中則是以其神話中與阿瑞斯對應的神祇稱為「瑪爾斯」（Mars），也就是現今火星的英文名 Mars。1877 年，美國天文學家阿薩夫‧霍爾（Asaph Hall）首次發現火星的兩顆衛星，便分別以希臘神話中戰神阿瑞斯之子命名，分別為表示驚恐的「佛波斯」（Phobos）和象徵著恐懼的「戴摩斯」（Deimos），也就是火衛一和火衛二。

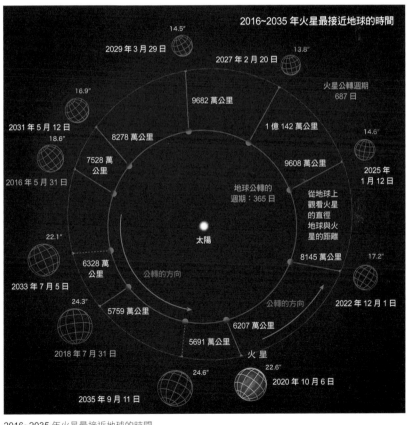

2016~2035 年火星最接近地球的時間

自古以來，在中西方文化的印象中，火星都被看做一顆預示凶兆的行星，當火星高懸在夜空中而且特別亮時，地球上就會有戰爭。唐朝杜甫在《魏將軍歌》中寫道：「…星躔寶校金盤陀，夜騎天駟超天河。欃槍熒惑不敢動，翠蕤雲旍相蕩摩。…」，說明魏姓將軍在戰馬上英姿颯爽，有日照星躔的光芒，軍威浩蕩的氣勢連彗星、火星都嚇得不敢動彈，在這段詩文即透過震懾火星來凸顯將軍神威和戰功彪炳。

小知識 - 火星殖民計畫

火星是人類遲早要踏上的星球，它是人類最想得到的另一個能取代地球的棲息地。有人設想，如果通過環境改造，使火星的氣候和大氣層發生變化，就能融化火星北極的冰冠，形成汪洋大海，營造一個可以生存的環境。

火星上有許多曲折的河床和大水流過的痕跡，科學家推測在火星歷史上曾經發生過洪水，這些洪水和火山活動，造就了火星上的大峽谷。火星表面地層上存在著巨大的固態水資源，若未來的探索者找到這些水資源並予以利用，不但可以作為航天燃料，還能為太空人提供生活用水。

科學需要一點瘋狂，一些科學家為了使火星更適合居住，於是提出了一些使它變暖的方法，這些想法之一是在火星運行的軌道上建造能反射太陽光線的巨型鏡子，將光線反射至火星使其迅速升溫。

木星

木星，在暗夜裡就可輕易地肉眼觀測到的一顆星，是太陽系裡最大的行星，平均半徑將近 7 萬公里約是地球的 11 倍，體積近乎為 1321 倍，但是質量密度卻不高，僅為地球的 318 倍，即便如此，木星質量約為太陽的千分之一，幾乎達到太陽系其他行星整體總和的 2.5 倍，成為太陽系裡除太陽外最大的存在。以太陽為中心由內往外算起，木星排在第五的位置，公轉運動的最大軌道半徑約 81652 萬里（遠日點），最小半徑約 74057 萬

公里。

　　屬於氣態巨行星之一的木星沒有明確的固體表面，主要是由氫和氦組成，氫占了 90%，大氣層高度超過 5000 公里，是太陽系行星之最。木星上方帶狀分布的雲層，明暗相間，雲層中含有許多的微量元素和化合物，尤其是硫化物，這類型化合物的化學反應顏色變化多端，推測擁有鮮豔色彩的木星雲就是由此而來。此外，高度也同時影響木星雲所呈現的顏色，最低處為藍色，接下來為棕色和白色，最高處為紅色。木星在南半球的大氣雲層有一個因紅磷化合物影響而呈現紅色的強漩渦，有如颶風一般，在雲層形成極具特色的「木星大紅斑」，最早於 17 世紀被發現後從未消失過，只有大小和顏色偶有變化。

　　外表看似平和安詳的木星，實際上存在著巨大風暴的星球，在赤道處刮著每小時 539 公里的強風，快於地球上已知的風速紀錄，甚至遠快於高速鐵路路線設計每小時 350 公里行駛速度。木星的內部也同樣的不平靜，液態金屬氫渦旋運動，使木星成為具有最大磁場的行星，磁場強度約為地球的 10 餘倍，是太陽系中除太陽黑子以外最強的磁場源。

木星雲及木星大紅斑

　　木星在觀測中外表略呈青色，而五行屬色青色屬木，因此《史記・天官書》將其命名為「木星」。木星繞天球一周 12 年的運動週期，與地支數相同，因此古中國這 12 年的週期稱為「歲」，稱木星為「歲星」。一般民間熟知的「太歲」與「歲星」為兩顆不同的星，太歲為與木星運行軌道相同但方向相反的星。《史記・天官書》中記載「攝提格歲，太歲左行在寅，歲星右轉居丑，以正月與斗、牽牛晨出東方，名曰監德。」當太歲往左行時歲星則往右行，一順一逆的運動，證實兩者並不是同一顆星。除此之外，在《漢書・天文志》、《淮南子・天文訓》、《周禮・保車氏》、《馮相氏》、《資治通鑑》、《隋書・列傳第二十五》、《宋史・列傳》等古籍中，也都可查證到兩者為不同星體的描述。

小知識 - 太歲與安太歲

　　太歲為民間習俗常提到的兇神，每當過農曆年時，就可聽到人們說著要去廟裡安太歲，以祈求新的一年平安。太歲一詞最早出現在《荀子・儒效》篇中，到了宋代將太歲神格化，變成太歲神；事實上，太歲在古時候視為天神中最尊貴者或君王，是屬於守護神，但在習俗傳承中卻逐漸忽略它吉神的面向，成為了一個凶神。

　　「安太歲」（或稱避太歲、攝太歲）為今日常見的民間信仰，和「避歲星」為兩種不同信仰，在戰國時代常常混淆，直到漢代以後才逐漸釐清。民間相信當太歲運行到某生肖位置時，屬該生肖及其相對生肖者謂之「犯太歲」，在唯恐觸怒太歲對己不利之下，便於當年祭拜太歲神以祈福消災，此活動便為「安太歲」、「拜太歲」。

　　木星外文名稱為 Jupiter，源自於古羅馬神話中的眾神之王朱庇特，在古希臘神話中則為宙斯 Zeus（Ζε），現今的希臘語仍然以宙斯（Δα）此稱呼木星。以神話中眾神之王來命名，可見人們對木星有多重視。

　　木星是太陽系中擁有第二多衛星系統的行星。據傳中國天文學家甘德曾於西元前 364 年觀測到木星的衛星，這項說法並未獲得證實。1610 年，伽利略透過天文望遠鏡首次發現了木星的 4 顆衛星，稱為伽利略衛星。隨著天文探測的發展，目前認定有 79 顆衛星，有 53 個已命名，木衛三（Ganymede）是當中最大的一顆，比水星還大。

土星

　　土星，太陽系第二大行星，外形為橢圓形球體，赤道半徑約 6 萬多公里，相對極軸半徑 5 萬多公立突出許多，體積幾乎與木星相當，是地球的 750 倍多，但質量卻只有地球的 95 倍，平均密度為每立方釐米 0.7 克，是太陽系中密度最小的，也是唯一一個密度比水低的行星。土星是太陽系由內往外數的第 6 顆行星，公轉軌道最近太陽時 135357 萬公里，最遠離太陽時為 151332 萬公里，也是肉眼所能觀測最遠的行星。

　　土星是氣態巨行星，主要由氫組成，核心部分被認為由金屬氫和氣體包覆著岩石和冰。外圍的大氣雲層形成帶狀條紋，由上到下分為氨冰雲、硫化氫氨冰、及水等三部份，雲層中的硫則使得氨雲呈現淡黃色。土星表面比木星更不平靜，風速高達每小時 1800 公里，但仍不及海王星。此外，土星是太陽系中唯一一個磁場和旋轉軸對齊的行星，磁場是對稱的，磁場強度約為地球磁場的 20 倍，但僅為體積相當的木星磁場的 20 分之一。

　　土星是目前認定擁有最多衛星系統的太陽系行星，共有 82 顆。圍繞行星運轉的除了衛星外，在宇宙中有一些衛星碎屑和宇宙微塵會集結繞著行星運轉形成的扁平圓盤，稱為行星環，遠看有如行星的腰帶一般，木星、土星、天王星、海王星和冥王星都有。然而，土星環是所有行星環中最為

明顯、光亮、和美麗的，就像一件由能工巧匠精心打造的藝術品，形成土星外形上最容易識別的特徵。

　　1610 年，伽利略由天文望遠鏡首次發現土星環存在，至 1655 年，惠更斯提出了土星環為盤狀外形。人們雖然千百次地從望遠鏡中見過它，但每次見到時都會發出由衷的讚美。2007 年，美國太空總署（NASA）發佈了三部由哈伯望遠鏡拍攝土星、土星環和其他幾個衛星的影片，當土星轉動時，它的環也在轉，謂為奇觀。

　　薩圖努斯（Saturn）為古羅馬神話中的農神和時間之神，也是朱庇特（Jupiter）的父親，因此相對於木星，便以 Saturn 作為土星的英文名稱。中國古代觀察到土星觀察約二十八年運行一個周天（實際週期為 29.5 年，相當於其坐鎮天上的二十八宿，因此先秦時曾把土星稱為「鎮星」或「填星」。土星外表呈黃色，五行學說中黃色屬土，因此《史記・天官書》將其稱為「土星」。

天文望遠鏡下的三星

　　許多古文明對著同一片星空和五大行星觀測了數千年，各自從詳細的天文觀測記錄中配合文化和宗教信仰，解釋著這片星空和行星的現象，發展精采的天文文化。但是肉眼觀測的世界總是有限，隨著天文望遠鏡的發明後，鏡頭下的世界讓人們的視線更深、更遠且更廣闊，使得一直存在於星際的天王星、海王星和被降級的冥王星等三顆行星現出了原本的蹤跡。

天王星

　　天王星是第一顆在天文望遠鏡的輔助下被辨識出來的行星，目前被辨認出來的衛星已達 27 顆，其中 24 顆已有正式的名稱。天文觀測者們原本肉眼可觀測到的最遠行星是土星，因此認為它是太陽系的邊界；1781 年，英國天文學家威廉 · 赫歇爾（Frederick William Herschel）打破了太陽系的藩

籬，透過望遠鏡首次發現了天王星應是屬於行星的事實，使得太陽系的範圍擴大了一倍；同時，他觀察分類了 800 多個雙星和 2500 個星雲，是第一個正確描述銀河系螺旋結構的天文學家。

　　天王星的體積是地球的 65 倍，赤道半徑約 2.5 萬公里，公轉軌道最近點約 274894 萬公里，最遠點約 300441 萬公里，由於距離極遠，在天王星上看太陽，感覺只是一個相當於放在 150 公尺外的一只蘋果。天王星的平均氣溫為 -176°C，外圍大氣層分為對流層、平流層和增溫層三層，對流層頂的溫度最低溫度紀錄只有 -224°C。由於大氣層中的甲烷會吸收太陽光中的紅色光譜，導致天王星的表面呈現海洋藍色。天王星平時雖然平靜，一旦颳起颶風也是相當不得了，颶風的速度能超過聲速，也就是說當聽到呼嘯的風聲時，這陣颶風卻早已無影無蹤。

　　屬於冰巨行星的天王星由外而內可分為三層結構：最外層為大氣層，主要是氫氣、氦氣、由水、氨、甲烷等結成的「冰」，以及其他碳氫化合物；中間層為冰的地函，由水、氨和其他揮發性物質組成的稠密流體，也稱稱為水氨海洋，核心部分為岩石。天王星的水氨海洋具備高導電性，磁場軸相對於自轉軸傾斜 59°，而且磁場軸沒有通過行星的幾何中心，而是往自轉軸的南極方向偏離到行星半徑的三分之一的位置，這些奇特的現象推測是造成天王星極度傾斜且不對稱的特異磁場的原因。

　　天王星還有一個奇特點，就是它的黃道和赤道交角只有不到 8°，看上去幾乎就像躺在公轉軌道上似的，造成天王星的南極和北極反而對著其他行星的赤道位置。這種奇特的傾倒是目前仍難以解釋的問題，推測可能是曾遭到另一個大天體猛烈撞擊所致。

　　最初，天王星的發現者赫歇爾將這顆新行星取名為「喬治之星」以表示對國王喬治三世的紀念，想當然這個名字在英國之外的地方並不為接受。之後，德國天文學家約翰‧波德（Johann Elert Bode）認為土星 Saturn 和木星 Jupiter 英文名稱分別為羅馬神話中的農神和神王，農神為神王的父親，因此位於土星之外的這顆新行星應以農神的父親為名，於是便以希臘神話

中的天空之神 Urnaus 來命名，也成為了最普遍接受的名稱，中文名稱也譯作「天王星」。如此一來，天王星也成為行星中唯一一個以希臘神話來命名的行星。

海王星

以八大行星的天體模型來說，海王星是距離太陽最遠的一個，公轉軌道半徑最遠為 455394 萬公里，最近為 445294 萬公里。海王星的赤道半徑約 24,764 公里，體積約為地球的 14 倍，是太陽系第四大行星。

海王星是一個冰巨行星，大氣層主要成份是氫和氦。大氣層內的雲有顯著的大、小黑斑與捲雲斑（The Scooter），大、小黑斑都是巨大的風暴，以每小時 2000 公里的速度使海王星成為太陽系中風速最高的行星，擁有最強的暴風系統。大氣中有微量的甲烷吸收了吸收太陽光紅色光譜，造成了藍色的外表。海王星的磁場和天王星一樣特異，磁場相對自轉軸傾斜高達 47°，磁場軸偏離幾何中心至少 0.55 倍的行星半徑。科學家推測這種極端的磁場成因與天王星相同，因此偏移和傾斜的磁場，也被認為是冰巨行星的共同特點。

海王星有四個稀薄的環和 14 顆已知的天然衛星。崔頓（Triton）是海王星最大的衛星，平均溫度在 -235°C。有別於太陽系中大部分的衛星，崔頓是以海王星自轉的反方向來繞其母行星運行。海王星的四個細環又窄且暗，這些環造成的原因是由微小的隕石猛烈的撞擊海王星的衛星產生的灰塵微粒而形成。

海王星是八大行星中唯一透過數學方式找到的行星，對於發現海王星的第一人這道題，曾經有段插曲。由於天王星實際運行軌無法與理論相符合，因此科學家們推測在天王星之外還存在有未知的星體，兩者間的引力影響天王星的運行；1846 年，德國天文學家伽勒（Johann Gottfried Galle）在柏林天文台透過天文望遠鏡，在法國數學家勒威耶（Urbain Jean Joseph Le

Verrier）所預測的位置附近發現了海王星。然而，英國則提出早在 1843 年，數學家約翰・柯西・亞當斯（John Couch Adams）就已計算出可能存在的第八顆行星，僅是因為觀測疏忽和未被重視，導致亞當斯的貢獻被埋沒。事發至此，科學已不再那麼的純粹，國家民族的優越感影響了客觀的判定，在多年的爭論紛擾下，英法雙方協議將兩人並列為第一發現者。1998 年，部分學者檢視格林威治天文臺的歷史資料後認為，亞當斯應該不能與勒威耶具備同樣的殊榮。

　　海王星的命名同樣歷經爭端。伽勒建議以羅馬神話中看守門戶的神祇取名為「雅努斯」，英國則取名為「Oceanus」，法國則以發現者「勒維耶」為名。在幾番角力之下，聖彼得堡科學院最終於 1846 年力挺勒維耶的建議，遵循行星以羅馬神話眾神為名的原則，以海神 Neptune 作為第八顆行星的名字，因此中文名譯為「海王星」。

被降級的冥王星

　　冥王星是海王星軌道之外體積最大的星體，主要由岩石和冰組成。1930 年，美國天文學家克萊德・湯博（Clyde Tombaugh）利用位於亞利桑那州的洛厄爾天文台的望遠鏡發現了這顆星，在認定其為行星並在使用正確的海王星質量條件下，天王星和海王星地存在的軌道問題可獲得解釋。同年，在洛厄爾天文台成員的票選中，來自於英國的 11 歲學童威妮夏・伯尼的命名方案脫穎而出，將這第 9 顆行星取名為 Pluto，也就是希臘神話中冥王黑帝斯的別名，中文稱為「冥王星」。

　　冥王星公轉軌道半徑最遠約 73.78 億公里，最近約 44.36 億公里，軌道相當橢圓。平均半徑約 1187 公里，體積為地球的 0.0059 倍。冥王星的質量自發現以來可說是被逐年的縮減，1931 年曾被認為與地球相當，1948 年則被降為 0.1 個地球，到 1781 年，科學家發現冥王星五個衛星中最大的冥衛一，也就是夏戎（Charon），並從它繞冥王星運行的軌道推算出冥王星

的質量，僅約為地球的千分之二。

冥王星這過輕的質量與特異的軌道，讓它行星的身分一直為科學家所質疑，並在 2005 年隨著麥克‧布朗（Mike Brown）發現鬩神星（Eris）後迎來重的一擊。原本一度以為可成為第十顆行星的鬩神星，卻因為與冥王星相近的質量和體積，使得科學家認為可能在太陽系中有著這樣一類的星體存在。隨著在古柏帶發現越來越多這類小質量天體後，冥王星在 2006 年終被國際天文學聯合會從九大行星除名，將它降為與穀神星、妊神星、鳥神星、鬩神星同級的矮行星。

小知識 - 太陽系的其他星體

太陽系裡，除了行星及其衛星之外的許許多多小天體，譬如小行星、彗星、流星以及柯伊伯天體等，估計大約有 50 萬顆，它們的總質量相當於地球質量的萬分之四。

小行星和行星是同源的。經歷了四五十億年的風雨歷程，行星的內部和外部有了很大變化，而由於小行星太小，不會發生火山爆發或受到放射性元素的加熱，保留著太陽系形成初期的狀態，是研究太陽系起源和演化的活化石。

彗星俗稱掃帚星，在科學不發達的年代，被人們認為是不祥之兆。彗星在中國占星學理論中最基本的意義是「除舊佈新」，即改朝換代，《左傳》中又這樣的記載：「且天之有彗也，以除穢也。」（昭公二十六年），意指把污穢掃盡，在意義上聯結了掃帚的掃除功能。所以中國歷代天文學家孜孜不倦地觀察和記錄天空中出現的每一顆彗星，留下了世界上最完整、最豐富的彗星史料。

彗星由彗核、彗髮、彗尾三部分組成。人造衛星觀測發現彗髮的外面還有原子氫構成的彗雲，但不是所有的彗星都發育得那麼完全。

地球吾愛

地球有著許多西文別名。英語常稱的 Earth 是來自西元八世紀央格魯薩克遜（Anglo-Saxon）語中 Erda 一詞，表示地面或土壤。有稱 Gaia，取自希臘神話中大地之母蓋亞（Gaia），創造了所有神話中的原始神祇並孕育宇宙萬物。又稱 Tella 或 Tellus，為羅馬神話中與蓋亞母神對應的大地之母特盧斯（Tellus Mater）或泰拉（Terra Mater），具有肥沃土地的意思。

中文「地球」這一詞是出自義大利傳教士利瑪竇（Matteo Ricci）。明朝時期，西方學說漸漸透過貿易隨著傳教士引入東方，利瑪竇（Matteo Ricci）繼《山海輿地圖》之後，與光祿寺少卿李之藻合作《坤輿萬國全圖》來刻畫世界地圖，並首次提出中文「地球」一詞。到清末時期，「地球是圓的」的主張漸為中國所接受，地球一詞也開始廣為使用，清朝同治 11 年創刊的《申報》（原稱《申江新報》）就刊載了《地球說》。

地球定位

地球是太陽系中第五大行星，體積和質量比不上木星、土星、天王星和海王星，但比水星和金星大。它的赤道半徑約 6378 公里，極半徑 6356 公里，是一個因自轉運動而在外型呈現兩極略扁且赤道處微凸的球體。作為距離太陽第三近的行星，地球的公轉軌道與太陽最近距離約 14709 萬公里，最遠距離為 15210 萬公里。

太陽和月亮決定著白天和黑夜，兩個天空中最明顯的星體產生最為明顯的週期天象。當晨昏或夜晚之際仰望星空，可見滿天星斗在天空移動，觀星者也從中發現它們的移動隱藏著規律性。移動是相對的，身處在地球的人們無法感受到地球正無時無刻地轉動，所以便認為自己身處於靜止的地球之上，將天體運動簡單化看待並加以解釋，日月星辰都繞著地球轉動，逐漸系統化地構成了以地球為天體運動中心的「地心說」（Geocentric model）或「天動說」。在以地球為中心的宇宙觀裡，對事實上複雜的天體

運動而言已經簡化的觀點仍然一點也不簡單，天文學家雖可為許多天體運行提出理論模型和解釋，但也發現許多理論和實際觀測紀錄有所出入，因此「地心說」的架構自提出以來，一直被持續的修正，而這樣的宇宙觀在中西方古文明都有所發展。

　　新論點的發表是需要經過相當的努力和長足的證明，何況是對於推翻「地球非宇宙中心」這樣一個涉及宗教和政治權力的學說。「日心說」（Heliocentrism）或「地動說」，太陽才是宇宙的中心，地球是在轉動的，而在地球上可觀察到的天體運動也是地球本身在移動所產生，月亮更是繞著地球而轉。早在西元前 3 世紀，古希臘天文學家阿里斯塔克斯（Aristarchus）就提出「日心說」，然而這個宇宙觀因缺乏其他物理知識相互佐證，並不為世人所接受。直到 1543 年，波蘭天文學家哥白尼發表《天體運行論》（De Revolutionibus Orbium Coelestium）才更完整的說明「日心說」。

　　無論「地心說」和「日心說」，人們都是在地球上直覺地觀察並描述地球和天體間的運動關係，是一個對宇宙解謎的過程；而在今日登上太空的時代，人們已可跳脫地球了解太陽系的天體運動，從外太空回頭觀看地球的外貌，往前窺探宇宙的奧秘。地球，隨著天文學的歷史發展，不再被視為坐標的絕對起點，而是成為觀測的相對起點。

地球結構

　　地球為類地行星，結構由外而內可以分為地殼、地幔和地核等三部分。地殼是由許多大小不等且厚度不均的岩石板塊組成，上層為花崗岩層，下層為玄武岩層，平均厚度約 17 公里，其中海洋地殼平均約為 11 公里，大陸地殼平均厚度為 35 公里。地幔平均厚度約 2900 公里，分為上地幔、下地幔。上地幔由岩石組成，下地幔由橄欖石和輝石構成，上地幔與地殼組成了一個厚度約 70~150 公里的岩石圈。地核質量超過地球總質量的 31%。外核以鎳等金屬元素為主，呈熔融狀；內核含鐵量更高，是固態的。

地核中活躍的高溫液態物質提供源源不絕的熱能，不均衡的熱傳導和熱膨脹，使得地殼板塊形成並互相推擠，較薄的海洋海殼被推離造成海底擴張和大陸漂移，完整大陸四分五裂成許多洲和島，並促進了物種的多樣性和進化。

地球的大氣層也稱為大氣圈，主要成分為氮、氧、氬、二氧化碳和少量其他氣體，自下而上分為對流層、平流層、中間層、增溫層和外大氣層。對流層約離地 7~11 公里，平流層在離地 7~11 公里到 50 公里間，中間層在離地 50 公里到 85 公里間，增溫層在離地 85 公里到 600 公里間，外大氣層則在離地 600 公里以上到 2000 多公里。

對流層距地面最近，也是氣體密度最高的一層，質量就佔了整個大氣層約 75%，冷熱空氣對流以及大氣活動頻繁，是表現風雲雨雪等氣象的舞臺。對流層厚度因緯度、季節以及其他條件而異，在赤道區最厚（約 16 ～ 18 公里），越往兩極移動越薄（兩極區約 7 ～ 8 公里），夏季厚而冬季薄。對流層的溫度幾乎隨高度直線下降，一般每上升 1 千公尺，溫度下降 $0.5°C$，到對流層頂部約為 $50°C$。

平流層的水汽很少，大氣以水平運動為主，氣流穩定，溫度隨高度增加而略微上升。平流層裡的臭氧層，臭氧濃度相對較高，能屏蔽 99% 以上的太陽紫外輻射，成為一道天然屏障，使地球上的生物免受強烈紫外線的傷害，飛機在平流層裡飛行最為安全。中間層的溫度隨高度增加而迅速下降，到離地表高度 85 公里的中間層頂，溫度接近最小值。增溫層的大氣因吸收大量太陽紫外輻射，所以溫度隨高度增加而上升，離地表 600 公里的熱層頂，溫度可達到 $1100°C$ 左右。

此外，大氣層根據電離程度可以分為中性層和電離層，對流層、平流層和中間層的大氣分子為電中性，皆屬於中性層；增溫層以上的大氣分子在太陽輻射的紫外線和 X 射線作用下產生電離，形成電離層。電離層中不僅會有極光、流星等天文現象，更可如光遇到鏡子般反射地面發射的無線電波，經過幾次反射可以傳播得很遠。因此，可以借助電離層進行短波遠

距離無線電通訊、廣播。

地球成長史與現狀

地球從形成到孕育人類整整花了 45 億多年，這期間經歷了無數的和無法描述的艱難曲折，創造了宇宙中一個偉大的奇蹟。

距今約 46 億多年前，宇宙中一團巨大的氫分子雲在引力作用下坍縮成型，將大部分的質量集中於核心變成了太陽，剩餘的圍繞太陽旋轉逐漸形成了行星、衛星、流星體和其他小天體，組成了太陽系，地球就是這些原始形成的行星之一。原始的地球表面充滿海洋，但是這片所謂的海洋是炙熱的岩漿。隨著時間的推移來到距今約 42 億前，地球逐漸冷卻，火山爆發伴隨著充滿水汽、二氧化碳和氮的大氣，水汽蒸發帶來大雨並形成了真正的海洋，在大氣中溫室氣體的保溫作用下，海水免於結冰並得以加速冷卻地球，形成堅硬的岩石地表。約 35 億年前，海洋開始孕育出生命。

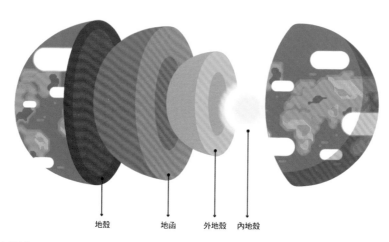

地殼　　　地函　　　外地殼　內地殼

地球結構

　　地球是唯一確定其表面有液態水的行星，海洋佔據超過地球表面積的
70% 以上，在剩下不到 30% 的大陸上還有著大大小小的江河湖泊，地表之
下的土壤和岩石裡還有地下水。海水、地表水和地下水構成了一個完整的
水圈，孕育了許多生命和豐富的海洋資源，並在傳輸熱量、緩和氣候變化
等方面產生不可替代的作用。水的重要從人類文化的發展可窺知一二。人
類歷史上著名的四大文明古國─中國、印度、巴比倫和埃及，其光輝燦爛
的文化都是起源于大河的沖積扇上。沒有尼羅河就沒有古埃及的金字塔，
沒有恆河就沒有印度璀璨文化，沒有幼發拉底河和底格里斯河就沒有兩河
流域和巴比倫古文明，沒有長江、黃河就沒有偉大的中華民族。常聽見的
古希臘文明雖然不是起源於大河流域，也是起源於大海的岸邊。甚至可說
自工業化以來，世界各國政治、經濟、文化的發達地區無不在沿海地區。

　　地球是我們的家園，也是一個與眾不同的行星，是我們迄今所知宇宙
中唯一確認存在生命的天體。對於地球目前到底是青年、中年或老年這個
問題，我們無法得知。但可以確認的是，這個萬千物種賴以為生的母親，
現今卻因為人類活動，遭遇氣候暖化、環境污染、物種滅絕和能源耗竭的
危機，當我們毫不珍惜且持續肆意地踩蹦地球，應該想想是否還有下一個
地球可讓我們移民生活。

第二章

點綴輕舞的星體

天文學研究的是切身的問題。

探索星空

　　未知的事物總是吸引人，探索看的見卻猜不透的星空，對於我們更具有莫大的吸引力。肉眼觀測的天空，彷彿有種神秘面紗帶來的美感，我們想像著宇宙天地的模樣，為星星映射圖像和編撰神話故事，自顧自地把特異的天象與生活的人事物連結，以近似統計學的方式來解釋彼此間的關聯，用來占卜禍福吉凶，發展了占星之術。但是，某些聰明的人們依循著科學的方法，模擬了一個天球並嘗試為它披上棋盤外衣，有系統地為天空劃分了刻度，描述天體星象的運動，仔細記錄下他們的蹤跡。日復一日，年復一年，人類在地球上的各地區建立起文明與帝國，烙印下占星和天文的紀錄。

星座

　　星座是把數個明亮的恆星組合並形象化的表示，在巴比倫、埃及、希臘、印度、中國等許多古文明裡都曾對同樣的星空發展出各自的星座。人們將天空中各自獨立的恆星運用想像力以虛線加以連結，構成神話故事或民族文化中的人物或動物的圖像外形並加以命名，利用可稱呼的星座來劃分天區，提升時間和方位的識別，使天體觀測和紀錄更為便利和準確。

　　從兩河文化的蘇美人到古希臘文化，天文學家建立北方天空的大部分星座。兩河流域的美索不達米亞平原曾孕育高度的文明，首先由蘇美人發明的楔形文字幫助知識傳承，歷經亞述、巴比倫、迦勒底人等帝國，此地域的天文學發展出了黃道十二星座和其他星座的天體系統。古希臘的星座發展一定程度地受到巴比倫文化的影響，西元前五至四世紀，古希臘的歐多克索斯（Eudoxus of Cindus，408~355 B.C.）在他的《Phaenomena》和《Mirror》兩部作品中描述了星座的圖像、恆星觀測紀錄以及相關天象和天氣。在西元前三世紀，希臘詩人阿拉托斯（Aratus，315~240 B.C.）將歐多克索斯的

《Phaenomena》改寫成詩歌，在其中就提到 47 個星座，並透過書中南極點位置的比較證明了歲差。西元前二世紀著名的天文學家希帕恰斯提出了記錄有 850 顆恆星的星表，雖然對於這個星表至今仍未有直接證據存在，然而希帕恰斯的天文學研究影響著托勒密（Claudius Ptolemy，100~170），在托勒密的《天文學大成》一書中整理了「托勒密 48 星座」，包含 1022 顆恆星，至此幾乎奠定了北方星空。現代天文中分布於北天和黃道的 50 個星座即是從托勒密星座中而來，南船座被一分為三，拆成船底座、船尾座和船帆座。西元 9 世紀後，西方天文學傳入阿拉伯世界，托勒密的《天文學大成》被以阿拉伯語翻譯為《至大論》，影響阿拉伯天文學發展，甚至現今許多星座名稱多來源於阿拉伯語。

15 世紀前後，航海技術有了很大的發展，歐洲航海家不斷到南半球探險，隨之劃分了一些南天星座，這些星座的命名與之前不同，完全脫離了神話，主要與探險者們的發現有關。國際天文學聯合會（IAU）在 1922 年大會整理歷史上沿用的星座及其名稱，確定了全天有 88 星座，北天 28 座，黃道 12 座，南天 48 座，最亮的為南十字座，人馬座則由最多恆星組成。88 星座描繪了 42 個動物、29 個物體和 17 個人類或神話人物。1930 年，國際天文學聯合會進一步精確的定義星座的邊界。

星座文化存在於許多文明。中國和印度有二十八宿，兩者極其相似。古埃及人也早有星座的紀錄，他們採用圖像來表示星座，甚至在研究中發現埃及文明中的 36 個星座，其中有 28 個可與托勒密星座相對應的，反而在阿拉托斯或歐多克索斯的 47 個星座中，找不到有關於美索布達米亞文明的蹤跡，因此有學者認為古希臘的星座文化有更大的可能受到古埃及的影響。

仰望天空的方位

　　天上星星何其多，數之不盡，若真想要認識這些星體，在為它們命名之後，還得認清它們的長相，記得它們在哪，才不會錯把馮京當馬涼。星星離我們如此遙不可及，說辨識長相當然是誇張了，我們在外觀上只可看到「亮度」和「顏色」，而這兩項特點頂多只可對群星們進行分類，不能達到辨識的目的。雖然星星無法只從外觀確認，但借助於在天空上的相對位置幾乎不變的條件，我們就可將他們組成星座，在天空上編列上坐標系統，作為定位辨識和測量記錄的基準，於是，屬於天文觀測的坐標系統在隨著天文學發展應運而生。

天文坐標系統

　　當我們在描述一個物體的位置時，總是需要有一個參考基準點，比方說：「旅館位於車站的後方」，我們以車站為參考點來旅館的位置。若想要更準確一點的話，位置的描述不只需要參考點，更要搭配一個坐標系統來輔助，而地球的經緯度系統就是一個很好的範例，讓我們可以用來定位陸地上的城市、茫茫大海中的島嶼和船隻，誇張點的說法，當我們想要大海撈針時也可知道在海的哪裡打撈那根針。對於天空中繁星點點，當我們想描述某顆天體的位置或運動過程時，當然也可使用坐標系統來幫忙。

　　三維坐標系統可用來描述一個空間中的位置點，包含有立體直角坐標系統。

　　和球坐標系統，天文觀測上常用的「地平坐標系」、「赤道坐標系」和「黃道坐標系」均發展自球坐標系統。這三種常用的天文坐標系雖然是描述天體在空間的位置，但在天球的概念裡面，均忽略球半徑的影響，以單位圓球來討論，因此都成為二維的球坐標系統，只需要兩個獨立坐標值就可定位。「地平坐標系」、「赤道坐標系」和「黃道坐標系」在許多古代文明中皆曾有過，僅是在當時並非以這樣的名稱來稱呼，「黃道坐標系」

多用於解說太陽、月亮和地球三者的運行，「地平坐標系」和「赤道坐標系」則多用於描述天體的位置。

地平坐標系

　　地平坐標系對使用者來說是一個相當直覺的測量方式。面對一個天體，我們可以說出它在什麼方向且離地面多高的位置，離地面多高的意思是在表示需抬頭多高，這樣一個說法可能出自一個沒有學習過坐標的人口中，但是確實已經涵蓋了地平坐標系的概念。

　　地平坐標系以觀測者為天球中心，地平面將天球一分為二，天頂為上半球的頂點，下半球是看不見的，在地平面下為地球所遮蔽。地平坐標以方位角和高度角來定位，方位角以正北方位為 0°，角度由西向東增加，正東方位為 90°，正南方位是 180°，正西方 270°，完成一圈即是 360°。高度角就是仰角，是觀測天體的視線和地平線的夾角，高度角最大值為 90°，從天頂到觀測天體的角度稱為天頂距，天頂距與高度角互餘。方位角和高度角與地球的經度和緯度概念相同，因此方位角也稱地平經度，高度角稱地平緯度。

　　雖然地平坐標系可讓觀測者輕易接受並了解坐標量測的使用方式，但是由於是從觀測者為中心來建構天球，因此天體測量的結果（包含方位角和高度角）會隨著觀測時間和觀測者所在緯度產生變化，也就是說地平坐標系的使用必須搭配時間和地點的說明，才可有效的運用觀測結果，不至於產生誤解。

赤道坐標系

　　赤道坐標系以地球為天球的中心，想像觀測者就是位於地球中心的位置，天球就是整個地球往外擴張，形成有如同心球殼的模式，去除天體受觀測者所在緯度影響的因素。地球北極和地球南極投影到天球上分別成為

天球北極和天球南極，地球赤道則投影為天球赤道。

在坐標計算上依樣仿照地球經緯度的方式，東西方向以赤經來定義，南北方向由赤緯決定。赤經以春分點為起始由西向東繞行天球一圈並分為24等分，每一等分為15°，春分點為赤經0°；除了角度的表示外，赤經也可採用時（h）、分（m）、秒（s）來度量，在幾何和地球自轉速度換算下，一圈360°對應為24時，所以1時=15°，1分=15'，1秒=15"，赤經稱為0時。赤緯是天體和天球中心連線與赤道面的夾角，天球赤道即為赤緯0°，北天球赤緯為正，南天球赤緯為負，赤緯從北天極到南天極處於+90°至-90°間。

赤道坐標系統雖已經撇除了觀測所在地緯度的影響，但由於赤經基準是以春分點為參考，因此仍需註明觀測時的年份以確定春分點的位置。此外，赤經的「時、分、秒」單位和赤緯的「度、分、秒」單位中的分和秒是不同的意義，赤經是時間制度，可進一步換算為天球的對應角度，而赤緯則直接為角度表示。

黃道坐標系

黃道坐標系統與赤道坐標系統相同，皆是將地球擴張，建構一個以地球為中心的天球。但是黃道坐標系的基準面則為黃道面，北半球和南半球的天球頂點分別投影到天球成為北黃極（天龍座）和南黃極（劍魚座），以黃經和黃緯來表示坐標值，黃經用來表示東西向位置，為通過北黃極和南黃極且分布於天球的圓弧，黃緯則表示南北向位置，與黃道平行且分布於天球表面的圓。黃經的度量方式與赤經相同，以春分點為黃經0°，向東增加數值，分布天球一周為360°。黃道面定義為黃緯0°，黃道面以北為正，北黃極為+90°，反之，黃道以南為負，南黃極為-90°。

太陽是天空中最大最明顯的目標，古代對於天體的觀測多以太陽基準，五大行星的運動也多在黃道面附近，因此黃道坐標系可更方便用來解釋太陽、月亮和地球三者或其他天體相對太陽的運動變化。

黃道的十二宮與十三星座

　　黃道十二宮發展自天體觀測，應用於占星學方面來占卜人事物和運勢，發源自古巴比倫文化，於古希臘廣為流傳。黃道十二宮以春分點為黃道起點，將環繞天球的黃道帶平均分割為 12 區間，每個區間 30°，並以黃道帶上 12 個在某段時間與太陽一同於東方升起且較為明顯的星座來作為代表，因此黃道十二宮可看成是隨春分點（或中氣點）移動的黃道坐標系。古希臘的希帕恰斯根據西元前 2 世紀的天象觀測，春分點位於白羊宮（牡羊座），因此訂立白羊宮為第一宮，其後依序為金牛宮、雙子宮、巨蟹宮、獅子宮、處女宮、天秤宮、天蠍宮、射手宮、魔羯宮、水瓶宮和雙魚宮。

　　然而，占星術在後來的使用上有點近乎紙上談兵的感覺，維持著希帕恰斯定義的黃道十二宮，並未真的隨春分點的移動來調整十二宮的序位。歲差的影響，春分點的真實位置從希帕恰斯時代至今日早已移動了將近30°，從白羊宮變成雙魚宮，若真以春分點來定義黃道十二宮，則現在的占星學上的第一宮應該更換為雙魚宮，但事實並非如此，黃道十二宮仍然是由白羊宮佔據。因此，在某些科學家的眼裡，占星學被視為偽科學。

　　在天文學研究上，黃道帶不僅有著牡羊座、金牛座、雙子座、巨蟹座、獅子座、室女座、天秤座、天蠍座、人馬座、魔羯座、寶瓶座、雙魚座等12 個星座與 12 宮相呼應，更多了蛇夫座的存在，介於人馬座和魔羯座之間，形成了黃道十三星座。1930 年，天文學聯合會官方確認了蛇夫座為黃道的成員之一，事實上，蛇夫座的存在並不是直到當時才發現，早在古巴比倫的天文觀測中就已有紀錄，僅是為了配合 12 個月的曆法而捨去。黃道十三星座的外形本就不同，各星座並沒有沒有等分黃道，星座真正佔據天空區間的差異，使太陽通過每個星座的時間並不相同，以幅度最小的天蠍座而言，太陽僅需短短 7 天就已通過。

三垣、四象、二十八星宿

西方人把星星連結形成星座來劃分星空，中國古代也是如此，天文學者們把相鄰的恆星運用想像力連起來，並利用地上的事物來為其命名作為辨識，這樣形成的一組恆星組合就稱為「星官」。星官系統徹底地展現出中國古代卓越的天文觀測成就，司馬遷的《史記・天官書》是現今查證有星官系統紀載的最早文獻，書中紀錄了 91 個星官，共包含 500 多顆恆星。三國時期吳國的天文學家陳卓集石申、甘德和巫咸等三家所長制定 283 星官的全天星圖，包含 1456 顆恆星，奠定星象的藍圖並為後世所沿用。陳卓之後，中國流傳有《步天歌》，以詩歌形式來介紹全周天星官，後世版本眾多，據傳最早為隋朝隱者丹元子所著作，另有一說為唐代王希明所撰寫。《晉書・天文志》、《隋書・天文志》和《開元占經》中更對 283 星官加以分區，形成三垣四象二十八星宿。

「三垣」最早出現在《開元占經》一書，指的是環繞北極周圍天空所分成的三個天區，分別是太微垣、紫微垣和天市垣。太微垣又稱上垣，位在北斗七星南方，包含 20 個星官，被認為是天庭朝臣辦公之處；紫微垣又稱中垣，位在北天極附近，包含 39 星官，被看做是天帝居住之所；天市垣又稱下垣，包含 19 星官，位於心宿和房宿的北方，被想像成天上平民活動的地方。環繞黃道和天球赤道旁的天空依東南西北分為四區，以中國四大神獸命名，東方蒼龍，西方白虎，南方朱雀，北方玄武，稱為「四象」。在四象中，每一象可再細分成七個區間，每一區間有一代表星宿，合稱「二十八宿」，也可稱二十八舍或二十八次。明末時期西方天文學傳入中國，徐光啟所編的《崇禎曆書》便參考歐洲天文學，增加了分布於南極星區附近的星官共 23 個。

二十八宿並不是把天空均勻地分成 28 個區間，每一星宿皆有一顆代表恆星稱作「距星」，距星並不一定是該星宿的群星中最為明亮的星，距星與距星間的赤經差稱為「距度」，也可以看成每一宿在天空所橫跨的區

間。二十八宿系統加上天北極發展出「入宿度」和「去極度」兩個坐標值，相當於中國古代的赤道坐標系統，可用來在天球中描述星體的位置。「去極度」是被測量天體與天北極的夾角，相當於赤緯的概念，「入宿度」則相當於赤經，是該天體與它西側第一顆距星的赤經差角度差。根據湖北省隨縣所出土畫有二十八星宿的文物，二十八宿系統可推測發展於西元前五世紀的春秋戰國時代，雖屬於赤道坐標系，卻不是所有星宿都位於赤道附近，幾乎一半的星宿是位在黃道附近，從這可推測在當時的天文學發展上，並未能明確區分黃道和赤道。

　　三垣、四象和二十八宿發展的先後順序至今仍有許多分歧。天文學家高魯在《星象統箋》中認為三垣為先，二十八宿則最後出現。另有根據史實推論以四象為最早出現，接著為二十八宿，三垣則是最後出現。無論何者，皆無法動搖三垣和二十八宿所構造的天文坐標系統對中國天文觀測的地位。

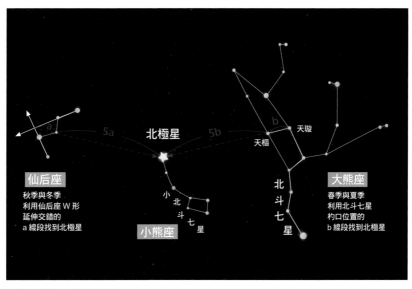

北斗七星或仙后座尋找北極星

尋找天體指標－北極星

　　天文研究者為偌大的星空填上坐標，方便觀測天體的規律運動，記錄和說明天體的位置，進而制定時間曆法。地球由西向東自轉且自轉軸指向北極星（目前為勾陳一），使得北極星掛於北天極附近固定不動，而北極星外的天體則每日由東向西移動；在天體的移動中，恆星猶如鑲嵌在天球上，彼此間的相對位置幾乎是固定不動的，地球公轉讓四季星空有如舞台劇的背景般輪替。在這樣的概念下，只要我們對各季節和時間的天體進行觀測並加以定位後，便可利用明顯的天體來找尋北極星以判斷方位，面向北極星為北方，則右手為東，左手為西，背後為南方，在原野下不利用儀器輔助也不會迷失方向。

　　屬於二等星的北極星亮度並不是很高，不容易在光害嚴重地區的夜空中發現。對中低緯的地區來說，北極星接近於地平線，觀測仰角不高，觀測者不是身處於空曠地域，視線也將被較高物體阻擋而找不到北極星。因此，我們在尋找北極星上，將利用四季星空中其他較高、較明亮或較易識別的恆星來幫忙。

　　在春季到夏季的星空，我們可利用大熊座來找尋北極星，這也是最為人熟知的方式。大熊座中包含我們所熟知的北斗七星，七顆星連接起來的外形有如一把勺子，中國古代便用稱糧食的勺子，也就是「斗」來命名，由斗口開始依序為天樞、天璇、天璣、天權、玉衡、開陽、搖光，前四顆形成「斗魁」，後三顆組成「斗杓」。當我們找到北斗七星後，將斗口的天樞、天璇這兩顆星連起自斗口方向延伸，在斗口雙星連線距離的五倍處就可發現北極星，所以這兩顆星也稱為「指極星」。在秋冬季節，大熊座已經沒入地平線，因此我們可換成利用仙后座來找尋北極星，仙后座在天空呈現「W」外形，將兩側斜邊向後延伸可相交於一點，將交點與 W 外型中間點連結，並往前延伸延伸至兩點的五倍距離，即可發現北極星。

　　除了上面的方法外，在夏、秋、冬等季節仍有其他尋找北極星的方式。

夏季星空有名的夏季大三角，由天津四、織女星和牛郎星組成，將牛郎星以天津四和織女星的連線為對稱軸進行鏡射，就可在翻轉後的方位附近找到北極星。秋季星空可使用位於天頂的飛馬座四邊形（又稱秋季四邊形），減少視線遮蔽的影響，這四邊形組成飛馬的軀體，馬胸口位置的兩顆星往靠近前腳方向的的延伸，即可找到北極星。冬季星空則可使用比仙后座更為明亮且更容易觀測的獵戶座來進行，在判斷出獵戶座的輪廓後，可先找出獵戶座腰帶的三顆星，從中間那顆星出發通過代表獵戶頭頂的星並持續延伸，就可在這直線方向上找到北極星。

解讀星空 - 占星與天文

　　天文學一直列在基本的科學教育內容裡，我們讀過上弦月、下弦月、滿月，讀過八大行星和太陽系模型，讀過星座操作過星盤，但除非是天文愛好者，許多人都在離開課堂的多年後，忘了如何辨識這些天象和天文知識，高掛於頭頂的星空成為最熟悉的陌生人。

　　但是，星座文化是相當普及，現代人也喜歡談論星座，基本上隨機找個人詢問，幾乎都可以回答出自己的所屬星座，不僅如此，甚至是當對方說出生日日期，也可以馬上說出對方的星座。令人好奇且玩味的，在高樓林立且深受霧霾和光害影響的城市環境裡，生活在其中的現代人在靜夜裡實際上是看不見幾顆星星，但是卻仍津津樂道於自己的星座，這是因為多數的現代人熱衷的是占星學裡的黃道星座，而不是真正位於天空上的星座，白羊宮依舊在，但已非牡羊座，因著歲差造成的錯位，落入了雙魚座。

　　占星學裡的占卜之術，問的是禍福吉凶與未來運勢，分析的是人格和性格特質，「黃道十二宮」有點類似於一個分類的代名詞，某人出生之際呱呱墜地時即對應了星座命盤，指出太陽、月亮和其他星體屬於黃道宮位上的位置，決定了先天且主要的特點和天賦；當然，一個人後天的養成更為重要，否則世上的人們和事物可能就只由星座來解讀歸納為幾個類別，

而人生豈是這麼簡單的一回事。

占星學的天空是相當侷限的，主要關心著黃道上的星座，只談論著黃道十二宮。天文學的天空相形之下廣闊許多，周天 88 星座分布黃道、北天和南天，黃道裡實際上有十三個星座。從現在的觀點來看，占星之學是一種大數據的展現，分析的對象是人，本就與天象無關，即使歲差影響了春分點位置又如何，即使將蛇夫座佔據了黃道一部分又如何，十二星宮的分布仍無須修正，我們在蒐集長餘千年的數據資料庫中，配合太陽星座、上升星座、月亮星座、宮位和相位等篩選條件，自然可指出人們可能具有的潛在特質。因此，在某些古代科學家的眼裡雖然占星與天文毫無關係，而將它看成偽科學，可是放在現代的標準而言，占星學確實可算是一門科學，一個屬於統計的科學。

天文學家是一群以物理形態研究恆星和行星的研究人員。若你指的是星星對人類活動和人際關係的影響視為恆星對人類行為的影響，研究這類應用並使用的人為占星學者。無論對何者來說，星星於人類文明及日常生活的研究已經歷了數千年，從人類的角度來看，這一個富有魅力的歷程，無論在發現、發展和發明的方向，都將為引領人類的未來。

日、月、地球仨人舞

太陽系的偌大的舞池裡，行星、衛星、小行星們穿梭其中隨著宇宙的時間樂章翩翩起舞。地球、月球、和太陽在聚光燈下踩著曼妙穩健的舞步，跳出「年」、「月」、「日」的樂章。

簡單地發想，我們可以用賽跑來作為時間的參考，例如：A 跑完一圈操場的時候，我把運動裝備整理好了，這個例子雖然不是那麼嚴謹，但是足以把 A 跑完一圈操場作為一個基本的時間單位。若是我們更嚴謹一些，選擇一個持續、穩定且循環的運動，便可將完成一次運動循環的週期定義為一個時間單位，而這也就是週期性運動和週期。以週期性運動來說，「完

成一次循環運動」的定義與「運動參考點」有絕對的關聯，就好比競技賽場上對於得分與否有不同的判定基準。週期性運動是需要奠基於一個運動參考點，當我們以不同參考點來判斷是否「完成一次循環」，將會對同一個週期性運動衍生出不同的週期定義，而在運動參考點或旋轉中心移動的情形下，將讓這些不同的週期產生時間落差。

　　地球完成一次自轉運動稱為「日」，月亮完成一次自轉運動稱為「月」，地球完成一次公轉運動稱為「年」。但是對於地、月、日的週期運動，天文科學家有了許多更精確地描述，對著恆星，可以產生恆星年、恆星月和恆星日；對著太陽，可以產生回歸年、回歸月和太陽日；還有相對其他參考點制定的時間單位。原來，地、月、日的仨人旋轉舞，可以有這麼多的解讀。

地球繞太陽週期 -- 年

　　在天文研究上，「年」可以廣義的認為是行星在公轉軌道上運行一圈的時間單位，因此有水星年、火星年、木星年…等，而地球繞太陽一圈的時間可以稱為「地球年」或「太陽年」。如果以不同的運動參考點對地球繞日的週期運動進行觀測計算，年可以分別定義為「恆星年」、「回歸年」、「近點年」以及「交點年」。

　　當我們以遠方恆星做為地球公轉運動的參考點時，地球繞太陽一周連續兩次對準恆星的時間為「恆星年」；也可以看成是天球系統中，太陽沿著黃道運行一周回到對恆星而言相同的位置，一個恆星年為 365.256360 日（即 365 日 6 時 9 分 10 秒），在恆星年的定義中，公轉軌道是不動的，公轉運動的起點和終點是同一點，地球確實圍繞太陽公轉 360°，因此恆星年是地球真正的公轉週期。

　　若以春分點為運動的參考點時，地球繞日運動的期間連續兩次經過公轉軌道上春分點的時間稱為「回歸年」；以天球系統來說，則可以解釋

為太陽在黃道上運行兩次經過春分點的時間。由於地球自轉產生的進動效應，春分點會沿著公轉軌道以順時針方向移動（每年西移 50"），與地球逆時針公轉方向相反，如此一來可以發現地球並沒有真正繞太陽公轉一圈，因此一個回歸年為 365.242199 日（即 365 天 5 時 48 分 46 秒），相比恆星年短了 20 分 24 秒。在以春分點為參考的觀測裡，太陽連續兩次春分點的週期內，每日運行軌跡由南逐漸向北，再由北至南，因此以「回歸」之意來命名，而「回歸年」也可稱作「太陽年」。回歸年的概念可以選擇黃道上任一位置點進行計算，分點和至點最為常見，以春分點為參考的可稱作「春分點年」，而中國古代以冬至點為參考，冬至點到下一個冬至點間的回歸年也就是「歲實」。

地球公轉與地球自轉軸傾斜於公轉軌道使地球上部分區域有了春、夏、秋、冬四季的分別。季節變化與農業發展密不可分，以農立國的中國早已意識到季節的重要性，依據四季變化定義了 24 節氣的曆法制度，春分、夏至、秋分、冬至即包含其中，象徵四季的到來。倘若地球從春分點出發繞太陽運行，當再次回到春分點時，這個春分點因地球自轉的歲差已與原本的春分點不同，影響春分點的時間間隔與四季輪替，因此回歸年可說是季節變化的週期。

地球繞太陽的軌道為橢圓，所以有近日點和遠日點。若地球繞日運動以近日點為參考點，則地球繞日公轉連續兩次經過近日點的時間稱為「近點年」。由於月球和其他行星對地球軌道的攝動影響，地球近日點每年東移 11"，因此以近日點為參考點的繞日公轉超過 360°，使得一個近點年為 365.2596 日，大於恆星年和回歸年，「近點年」可以看成公轉速度變化的週期，主要作為日地運動的研究。

黃道與白道兩個分屬於太陽和月亮運行的橢圓軌道在天球上可交會出兩個交點，一個為升交點，一個為降交點，統稱為「黃白交點」。若以其中一個黃白交點為參考，太陽沿黃道連續兩次經過此交點所需的時間長度為 346 日 14 時 52 分 53 秒，稱為「交點年」，大約為 346.62 日。由於黃白

交點沿著黃道每年向西退移約 20°，這在太陽由西向東的運動中會縮短連續通過同一交點的時間，所以交點年相對比恆星年短了約 18 日 15 時 16 分 17 秒。此外，天球是以地球為中心並將星空投映於天幕的概念，黃白交點不是真的碰在一起，而是代表著黃道面和白道面的交錯成一直線上，在這個交點上有機會讓太陽、月亮和地球三者位置會形成同一直線，發生日食或月食，因此交點年又稱「食年」。

　　我們平常所提到的「年」是「曆年」，是參考天體運動週期制定曆法時所訂立的，人們為了方便年份和日期計算，把一年取為整數日，再設定一個曆法的循環週期，使得曆法循環週期內每年的平均日數可以接近於曆法所參照的天體運動週期。我們使用的國曆或西曆是以太陽週期運動為主（實則為地球繞太陽公轉運動），一年訂為平年 365 日，由「四年一閏、百年不閏、四百年一閏」的置閏方式來調整曆法，在指定的循環期間加入一日成為閏年 366 日，使得一個曆年平均為 365.2425 日。即便如此，人為規定的曆年與太陽的實際運動仍然沒有完全一致，但這點誤差在日常生活中實在是無足輕重的。

月亮繞地球週期 -- 月

　　在現代人的日常中，月份多作為約定某事件的時間單位，許多生活需求或經濟活動都是以月來設計的，如工資、房租、水電費、電話費等通常都是按月結算。我們現在使用的曆法是公曆，每月的天數分布是人為的規定，大月 31 日，小月 30 日，平年時 2 月為 28 日，閏年時則為 29 日，大月和小月的分布沒有一定的規律性，這樣讓我們因熟悉而不覺得混亂的公曆自有它發展的歷史背景和原因，在後面談論曆法發展的部分將可以進一步說明。月球的公轉運動所產生的規律也是生活中基礎的時間單位，它和年、季節一樣，都是自然賦予人類的時間單位。我們雖從月亮的運動來定義出「月」，但隨著曆法發展失去了月的本質，細心者可發現，公曆的月

分與月亮的變化週期幾乎毫無關聯。

　　回到天文觀測的原點，月球和太陽一樣，除了由於地球自轉而引起的東升西落的周日視運動外，還有繞著地球並相對於恒星間的運動，其運行軌跡稱為白道，科學家依據月亮週期運動的參考點和現象定出五種「月」的樣式，有恆星月、分至月、朔望月、近點月和交點月。

　　「恆星月」是月球以恆星為參考點，沿著公轉軌道完成繞地球一周的時間週期，可看見月球在天球上相對恆星繞行一圈回到相同位置。恆星月歷時27天7小時43分11.5秒，約為27.321661日，是月球真正的公轉週期。許多古文明都曾以恆星月來發展曆法，中國古代也曾如此，而且月亮的運行可大致對應28星宿，在恆星月內依序通過28星宿的星群。

　　「分至月」又可稱為「回歸月」，定義週期的概念與回歸年相似。以春分點為天球的黃經0度並作為月球運動的參考點，因為進動使春分點退移，因此月球回到黃經0度的時間會比真正公轉週期的恆星月來的短，為27天7小時43分4.7秒，約27.321日。

　　與天空中的位置相比，月相可能是月亮更容易讓人注意到的現象。月亮在公轉運動中由於日、月、地三者的相對位置和光源角度，使得地球上的觀測者可看到具有週期性變化的月亮外形，從朔月（新月或晦月）開始，歷經眉月、上弦月、盈凸月、滿月或望月、虧凸月、下弦月、殘月等月相再回到朔月，這樣一個明顯的月相變化平均長度為29天12小時44分2.8秒，約為29.5日，稱為「朔望月」，相較之下，月球在完成一個恆星月週期後，必須再過2天多才能完成一個朔望月週期。而朔望月也因為容易觀察，成為太陰曆法和陰陽合曆中的平均太陰月長度，我國的農曆就是其中一種，詳細說明會在後面章節提出。

　　「近點月」和「交點月」是兩個平時較少提及的月份名稱，主要是用來進行天文現象發生週期的計算。近點月是以月球橢圓軌道上的近地點為參考點，月球連續兩次經過該點的時間長度，由於月球與地球一樣，在軌道上存在進動的現象（每8.9年完成一次軌道變動），近地點位置會產生

變化，因此近點月的時間長度為 27 天 13 小時 18 分 33.2 秒，約 27.5 天。月球軌道變化影響月球的視直徑、見食地區和食的週期，近地點位置（近點月）與日月地成一直線的（朔望月）結合下，更導致「超級月亮」的現象。

「交點月」為月球根據黃道和白道的升交點或降交點為參考點所訂立的運動週期。月球軌道的進動週期為 18.6 年，升交點或降交點也以此週期在黃道上退行，導致月球連續兩次通過交點的時間會短於恆星月，因此「交點月」的時間長度為 27 天 5 小時 5 分 35.8 秒，約 27.2 日。「交點月」為黃白道的交點，因此在預測日食或月食的發生非常重要。古西方神話曾認為在天球交點處盤踞著一隻龍，固定且規律地吞食月亮和太陽，而有月食和日食的現象發生，因此「交點月」也被稱為「龍之月」。

地球自轉週期 -- 日

日與年和月的情形相同，根據不同的運動參考點可以定義出不一樣的時間長度。「恆星日」是以遠方的恆星的為基準，自轉運動使得地球上的某一位置點連續兩次對準同一恆星的時間週期，也可以想成是這一顆遠方恆星兩次經過地球某一個觀測地中天的時間間隔；同樣的概念，但是「太陽日」則以太陽為基準，地球上某一點連續兩次對準太陽或是太陽連續兩次經過某地中天的時間間隔。由於地球在自轉之際同時繞著太陽公轉，因此自轉一周後觀測點的中天位置並不會對正太陽，需再繼續轉動些微角度才可讓太陽回到中天位置，因此太陽日的時間會略長於恆星日。地球相對於某個參考點自轉一周的時間成一日，我們現在多習慣參考點為恆星或太陽，事實上古代也曾以月亮中天為標準稱為「太陰日」，長 24 小時 52 分 20 秒。

地球自轉的速度幾乎是固定的，一個恆星日約為 23.934 小時。但是一個太陽日卻不是固定的長度，而是根據太陽位置而有週期變化，稱為「真

太陽日」。在時制的使用上，非整數的小時和變動的時間長度雖然符合天體運動且精準，但也讓人無所適從。於是，我們利用一年真太陽日平均值的概念發展出「平太陽日」，假定天體有一個稱為平太陽的參考點以平均的速度運動且連續兩次經過中天的時間為一日，形成目前大家所熟悉的一日 24 小時制度，可以方便地用來定義曆法以及鐘錶的計時。

由於地球傾斜的自轉軸和橢圓形的公轉軌道，真太陽日隨著太陽位置的變動，與平太陽日固定的 24 小時有時間落差，真太陽日的時間會比平太陽日的時間延長或縮短，真太陽日最多會比平太陽日長 29 秒，最少則為短 22 秒。這樣的延長或縮短變化具有週期性且會持續一段週期，因此在一年當中，真太陽日和平太陽日的誤差日復一日地累積，最多可延長 14 分 6 秒或是提前 16 分 33 秒，這也就是「均時差」，是日晷（真太陽時）和機械鐘錶（平太陽時）的時間差異。

在恆星日方面有真恆星時和平恆星時的分別，雖然為時間單位，但卻是天文學和大地測量學上用來標示天球子午圈位置的數值。若把春分點連續兩次經過天球子午圈的時間做為一個恆星日，實際春分點會因章動的影響在天球上的平均春分點附近擺動，真恆星時是直接量測春分點真實位置和子午圈的時角，平恆星時則是忽略章動的影響來計算平均春分點和子午圈的時角，因此兩者存在時差可達到大約 0.4 秒。

如何定義一日是有些為難的，至少我們知道晝夜輪替和地球自轉並不是完全相對應。我們使用的時間制度是人為的，可視為一個文化的產物，雖然時間單位的實際長度與現在有顯著差異，但時間制度已成為人們生活的基本且應用如常，如呼吸般地自然存在。但我們也知道這樣一套時間系統實則並非完全呼應星體運動的時間週期，而這個問題在談及五大行星運動時將會有更深刻體認。

天體的曼妙旋轉舞

地球繞著太陽翩翩起舞，他的旋轉舞裡並非只有簡單的自轉和公轉兩種舞步，傾斜的自轉軸和橢圓的身形，讓他的曼妙舞姿裡藏有許多細膩且複雜的舞態，這些細微的肢體變化，產生歲差、章動和極移，影響我們觀察天體的相對位置以及對於時間的定義，更讓太陽隨著時間流逝在天幕上留下的特別的「8」字形足跡。

地球旋轉舞微妙舞姿－歲差、章動和極移

陀螺是十分常見的童玩。仔細觀察一顆轉動中的陀螺，可發現當它的自轉軸心線不和地面鉛直線重合時，自軸軸心線會繞著地面鉛直線旋轉，在空間畫出一個圓錐曲面，尤其是當陀螺快轉倒時現象就越明顯，與地面接觸的軸心會開始在地面作圓形軌跡繞動。

在物理學上，對於自轉中的物體，本身的自轉軸又在繞著其他軸旋轉的現象稱為「進動（precession）」或「旋進」，天文學上則將此現象稱為「歲差（axial precession）」或「地軸進動」。地球的赤道直徑比兩極直徑長，略呈扁球狀的體型在快速自轉過程中受到太陽、月亮和其他行星的引力力矩的影響，使得地球運動狀態有如同一顆轉動的陀螺般產生歲差（或進動）。許多古代文明的天文學中都已發現地球存在歲差現象，然而一直到近代物理學發展才由角動量的觀念加以解釋。

地球的歲差是一個大尺度、緩慢且微小變化的週期運動，地球的自轉軸著繞黃道軸逆時針方向運動，影響天北極和天赤道，作為天赤道與黃道交點的春分點和秋分點位置自然也隨之變化，每年向西退移約 50.26 角秒，也就是每 71 年會退行 1 度，約 25800 年完成一圈，這個週期稱為「大年」或「柏拉圖年」。在曆法上常以通常以春分點或冬至點的退移來討論，無論以何者為參考點，都會在恆星年和回歸年上造成相同的時間差異。

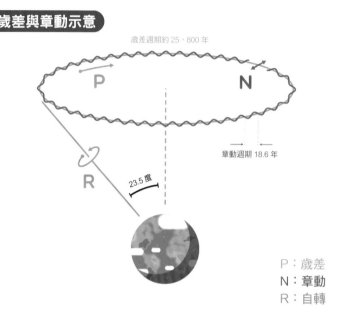

歲差與章動示意

歲差週期約 25,800 年

P

N

章動週期 18.6 年

R

23.5 度

P：歲差
N：**章動**
R：自轉

進動（precession）又稱「歲差現象」

　　地球發生進動的過程中，自轉軸會伴隨另一個的輕微擺動，有如一邊繞黃道軸旋轉之際一邊點頭般地搖晃，稱為「章動（Nutation）」，在 1728 年時就由英格蘭天文學家布拉德雷德（James Bradley）提出，但在當時並無法合理解釋此現象。科學家約經過 20 年努力才了解，由於黃道和白道不互相重合，太陽和月球續改變相對位置，對地球的引力變化形成潮汐力，造成地球的章動。章動的變化週期與月球交點退行的週期相同，皆為 18.6 年，自轉軸搖晃角度約為 9.2 角秒。

　　地球自轉運動實際上是相當複雜。地球自轉軸除了有短週期小振盪的章動外，自轉軸本來就不是固定不變的傾斜，而是在 22.1°~24.5°間緩慢變化，變化週期為 41000 年。此外，地球本身還有一種快速而小幅的擺動，是地球自轉軸相對於地球本體的軸心位置間運動所產生的變化，稱為「地極移動」，簡稱「極移（polar wandering）」。極移的變化雖然受到風、洋流、海潮以及地函運動影響而迅速且難以預測，但僅牽動地球坐標，並不會影

響天文坐標的定位和觀測，因此與歲差和章動有著本質上的差異。

日行跡

　　日行跡（Analemma）是指在地球長期觀測太陽後，太陽在天球上呈現的運動軌跡。當我們在地球的某個固定觀測點，在一整年裡的每天固定時刻紀錄太陽在天空的位置時，可發現這些位置會因地球橢圓形的公轉軌道以及傾斜於公轉軌道自轉的因素影響而不同，而這些太陽變化的位置軌跡就是「日行跡」。日行跡可不只侷限於地球，當觀測者在其他行星觀測太陽時也可獲得，而更廣義的日行跡的概念，即是描述在一個天體觀測另一天體所形成的位置軌跡。

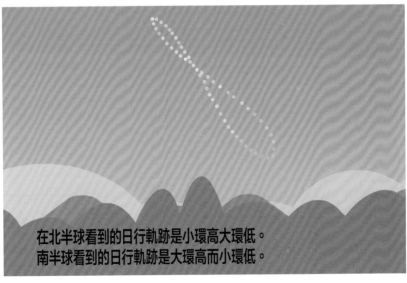

在北半球看到的日行軌跡是小環高大環低。
南半球看到的日行軌跡是大環高而小環低。

日行跡

　　日行跡主要受到公轉軌道離心率、觀測者所在天體的自轉軸傾斜角度、以及公轉軌道至點連線和拱點連線（Apse line）交角等因素影響。如果觀測者處在一個具有完美的圓型公轉軌道且自轉軸無傾斜的星球，觀測到的日行跡僅為天球上的一個固定點。如果觀測者是在一個具有圓型公轉軌道但自轉軸傾斜的天體上，則日行跡將呈現一個南北兩半圈尺寸相等的"8"字形。若觀測所在天體具有橢圓型公轉軌道但自轉軸不傾斜，所得到的日行跡會是一條沿著赤道的東西向直線。

　　地球觀測的日行跡為南北兩個半圈不相等的「8」字形，而且隨著觀測者所在的緯度，「8」字形會呈現不同角度的傾斜。地球的「8」字形日行跡主要可從春分、秋分、夏至和冬至等四個主要時間點來討論，春分和秋分時，太陽的仰角度數為 90 度減去觀測地所在緯度；冬至點時，太陽的仰角度數為春秋分時的仰角加上地球自轉軸傾角；而夏至點時，太陽的仰角度數則為春秋分仰角減去地球自轉軸傾角。

五星運動

　　1609 年，自伽利略自製望遠鏡指向夜空的那刻起，人類看到了星空和宇宙出現在鏡頭下的新世界。在天文望遠鏡中，伽利略發現令人驚訝的事實，看到了木星的衛星群、金星的滿盈，為「日心說」的宇宙觀提供強而有力的證據，持續的太空探索建立了今日的太陽系運動模型。

　　地球規律的公轉和自轉定義出時間單位，我們知道根據不同的運動參考點，可以有許多不同類型的「年」和「日」，而當這樣的時間訂立原則對應到其他行星時，將發生許多顛覆常理且有趣的現象。撇除生存環境的考慮，倘若有天太空旅行成真，人類可在不同星球上過生活，我們將可體會各星球的「年」和「日」會有相當驚人的差異，「一日」的時間真的會比「一年」還長，「度日如年」將是真實存在。

　　五大行星在中西方天文學中發展許久，文獻中對於他們的運動描述特

別多，當然也發現這些行星在某些時期反常的逆向運行，這些現象在某些程度上，幫助古代的天文科學家們思索天體模型究竟是怎麼一回事，推動天文科學的進步，但在真相尚未明了的時期，逆向運動變成天災和人禍的預言，在占星學方面尤其影響深遠。

公轉和自轉週期

水星的運行迅速且難以捉摸，英文名稱 Mercury 就是羅馬神話中有著神速移動並擔任使者和信差的神祇，可以說形容得非常貼切。我們在觀測上確實可以發現，水星在一個半月的時間裡會沿著一段奇特的曲線，從太陽的最東邊跑到最西邊，平均速度為每秒 47.89 公里，是太陽系中運動最快的行星。

1889 年義大利天文學家喬凡尼·斯基亞帕雷利認為水星的自轉週期和公轉週期都是 88 天，一直到 1965 年才修正為目前的週期數據，一個具有相當浪漫轉速的周轉運動。水星自轉一圈約為 1407.6 小時，以地球自轉一圈為 23.9 小時來看，水星的一個恆星日時間約為 58.9 個地球日。水星的公轉速度為太陽系最快的。它繞太陽一圈回到公轉軌道上的相同位置點的時間約為 88 個地球日，形成一個水星年的長度。水星的自轉週期約為軌道公轉週期的三分之二，也就是說水星上過一年僅需要 1.5 天。

地球的恆星日和太陽日相差僅幾分鐘，但是水星的恆星日和太陽日則差距甚大。我們習慣以一個晝夜作為一天，太陽經過一個晝夜將再次出現在天空中相同位置，也就是太陽日的概念，水星在公轉快、自轉慢、自轉和公轉皆為由西向東轉動的影響下，一個太陽日的長度約為 176 個地球日。

金星在近乎圓形且幾乎於黃道面重合的軌道上運行，與太陽系其他行星一樣以逆時針方向進行公轉運動，但卻以順時針方向自轉。當公轉和自轉運動同為逆時針方向時稱為「順行自轉」，若是公轉為逆時針而自轉為順時針則稱為「逆行自轉」。在太陽系中，金星是唯一一個「逆行自轉」

的行星，如此的任性且特立獨行，也由於順行針的自轉，在金星上「太陽是從西邊升起」。

金星在公轉軌道繞行一周再次回到相同位置為 224.7 地球日，為一個金星年。金星順時針自轉 5832.5 小時形成一個恆星日，約為 244 個地球日；一個太陽日為 2802 小時，約為 116.8 個地球日。金星因「逆行自轉」現象，使得太陽日的時間短於恆星日。在金星上生活可能會讓人對時間產生嚴重錯亂的感覺，「過一日」居然比「過一年」的時間還要長！對於生活在地球的我們來說是相當難以言喻的體會。但這其實只是我們對於時間單位僵化的認知，習慣了地球的時間制度，認定一年必定長於一日，只要仔細回想「年」和「日」是來自於公轉週期和自轉週期的定義，金星混亂的時空問題自然迎刃而解，只不過是自轉的舞步非常緩慢而已。從太陽日可發現金星另一個有趣的現象，金星的一個晝夜足足橫跨 116.8 個地球日，以一年 224.7 個地球日的時間來換算，金星一年約只會出現兩個晝夜！一整年只太陽西昇東落兩次，又是一個讓生活在地球上的我們難以置信的事。

早在西元前 650 年，古代馬雅人就對金星的存在特別感到興趣，對它進行長期的觀測，並煞費苦心地記錄了金星的運動，確定它的一年（相對於地球而不是太陽）是 584 天，接近於現代科學所確定的 583.92 天。

火星的自轉速度與地球接近，自轉一圈約為 24.7 個小時，即火星 1 個恆星日約為 1.03 地球日，而火星的太陽日亦接近 1.03 個地球日。火星在軌道上運行地球慢的多，公轉週期為 687 地球日，也就是火星一年約為 1.88 個地球年。火星大多給予人凶星的印象，「熒惑守心」就是一個在中國古代被認為是大凶之兆的天象，表示火星在心宿內發生「留」的現象。

木星自轉速度是太陽系行星中最快的，自轉週期僅為 9.9 小時（9 小時 50 分 30 秒），也就是木星上一個恆星日約 0.415 個地球日，而木星的一個太陽日也與恆星日相當接近，為 0.414 個地球日。以春分點來說，木星在黃道上的運行一圈需要 4331 日，大約是地球 11.9 年。

中國古代在觀測天象運動上除了有 28 星宿定義天空方位外，另把黃

赤道帶分為 12 個區間，由西向東依次為「星紀、玄枵、諏訾、降婁、大梁、實沈、鶉首、鶉火、鶉尾、壽星、大火、析木」，稱為十二次或十二星次，而木星運行一周天將近 12 年，一年約經過一星次，中國傳統對於一年也稱一歲，所以木星便也被稱為「歲星」。「歲星紀年法」是以木星每年行經的星次來紀年，起源已不可考，在春秋戰國時代，各諸侯國都在自己的王公即位之初改變年號，造成各國紀年皆不同，不利於各諸侯國之間政治、經濟、文化交流，於是便舉用「歲星紀年法」以統一交流。木星的實際公轉週期為 11.9 年，並不等於 12 年，也就是木星實際運行一周天的速度快於曆法推算的速度，這樣的誤差累積下，木星每經過 85.7 年的實際星次將會比曆法所計算星次提前一次，這樣的現象稱為「超次」或「超辰」，西漢劉歆就提出每 144 年一超次的修正算法。

土星自轉週期僅為 10.7 小時（10 小時 42 分），也就是土星上一個恆星日約 0.445 個地球日，而土星的一個太陽日也與恆星日相當接近，為 0.444 個地球日。以春分點來說，土星在黃道上的運行一圈需要 10747 日，大約是地球 29.4 年。中國古代觀測土星繞行一周天約需要 28 年，與 28 星宿相呼應，一年經過一宿，好比鎮壓住每一個星宿，因此有「鎮星」的稱謂，與木星的「歲星」之名來源相近。

行星逆行

如果，將太陽系行星們的運動模擬成遊樂園的旋轉咖啡杯，無論我們是身處於其中一座旋轉的咖啡杯（日心說）或是位於遊樂設計的固定中心（地心說），當我們看著各自坐在咖啡杯裡的行星們，映入眼簾的到底會是怎樣的一個景象呢？

自哥白尼的「日心說」後直至今日，我們知道行星們與地球都繞著太陽公轉並同時自轉，這樣的太陽系模型合理地解釋許多天體的視運動，解決了「地心說」理論存在的許多棘手問題，尤其是「行星逆行」，科學家

才了解這只是一種錯覺。由於公轉的軌道速度不同，身處在地球的我們會因軌道速度差異以及相對於天幕的恆星而產生視錯覺，發現某些容易觀測的行星詭異的運動，這些行星的視運動在固定前進一段週期後，會規律地後退，經過一段時間後再繼續前進，這就是「行星逆行」。

　　「行星逆行」的概念有如一群人繞著操場賽跑，當然自己也是跑者之一，由於運動是相對的，我們將速度慢者看作「靜止」來簡化解釋運動中的視覺現象。當對手速度比我們快，我們看著對手追進並超越，此時兩者前進方向相同為「順行」，當對手超越我們約 1/4 圈時，雖然對手仍在前進，但在固定的背景和相對運動下，我們感覺對手往反方向跑，這時就為「逆行」。相同的道理，我們若是速度較快的一方，我們追上超前對手為「逆行」，當我們超前對手達 1/4 圈後，在持續往前跑的時候會看見往另一方向跑，形成「順行」。

　　太陽系的行星中，離太陽越近公轉速度越快，因此水星公轉速度最快，海王星最慢。對於五大行星來說，地內行星的水星和金星公轉速度都比地球快，地外行星的火星、木星和土星則較地球慢。從逆行現象發生的原因來說，無論是地內行星和地外行星，都會發生「行星逆行」的現象，僅是因為逆行發生的頻率和發生的位置影響我們觀察的難易度。

　　我們常在占卜學上聽到「水星逆行」來探討運勢，甚至有了「水逆」這樣一個新的口語詞。從逆行發生的原因來看，水星是公轉速度最快的行星，也是最常發生逆行現象的行星，所以我們理應是最容易發現水星逆行。然而事實上，由於太陽的眩光影響，我們可以在天空上觀察到地內行星的時間相當短暫，僅在早晨和黃昏前後，據說連偉大的天文學家哥白尼終其一生都未能清楚的觀測到水星，因此地內行星的逆行現象是非常不容易發現。至於地外行星由於公轉速度相當緩慢，以火星逆行最為容易觀察。

　　對於行星的視運動來說，由西往東為「順行」，由東向西為「逆行」，「順行」和「逆行」的運動轉換間會有一段視覺上暫停不動的狀態稱為「留」，因此行星發生一次逆行運動會有「順行‧留‧逆行‧留‧順行」的

變化順序。原本的正常的「順行」運動進入一小段時間的「留」，而後開始「逆行」運動一段時間後又進入「留」的狀態，最後又開始回到順行運動，而「留 - 逆行 - 留」的期間稱為「逆行季」。

　　行星逆行發生的週期是該行星和地球的會合週期，根據目前的觀測，水星的會合週期為 116 天，其中逆行 20 天；金星的會合週期為 584 天，其中逆行 41 天；火星的會合週期為 780 天，其中逆行 72 天；木星的會合週期為 399 天，其中逆行 121 天；土星的會合週期為 378 天，其中逆行 138 天。以火星為例來進一步說明，火星每 780 天發生一次逆行，在這期間會「順行」354 天，「逆行季」72 天，再「順行」354 天，以此組成一個會合週期。

天文大時鐘

　　時光流轉，晝夜晨昏，抽象的時間真可以具象化地像水鐘裡的水滴、沙鐘裡流沙和機械鐘的機軸般不停地流動和運轉，從不靜止，不為誰佇足，「動」這簡單一字也許是對時間最好的描述。

　　時間制度來自於人類文明化的需求，因生活記事而起，後發展至與宗教、卜算、政治等人文事物相結合。為了建立時間制度，人類從大自然的萬千世界中找到了永不間斷且規律運動的天體，這些高掛於天幕的星體距離雖遠，但比諸草木生長到四季迭更，它們的運動卻十分適合人類的需求，太陽運動產生的白晝黑夜是簡單生活的時間基本單位，是為「日」；月亮的陰晴圓缺為累積的白天黑夜們劃分出小區間，是為「月」；太陽或其他星體在天幕上相對位置的變化衍生了「年」或其他更長的時間週期，如：「天狼星週期」、「沙羅週期」。於此，觀象授時便成了人類建立時間曆法的重要工作。

　　倘若問到時間，現代人們馬上可從手機屏幕獲得答案，手錶反倒顯得不是這麼的普遍。姑且撇除手機不論，人類對於取得時間的一事可說是費盡心思，在文明的旅程上，各式各樣的時計裝置孕育而生，若讓這些時計

裝置持續運轉，即使我們身處於不知道晝夜交替和歲月寒暑的情形下，我們也能知道「今夕是何夕」，唐朝隱者「山中無曆日，寒盡不知年」的閒情雅興，也許就被時計裝置間接破壞了。然而，莫忘初衷，時計裝置的出現是因為不能觀測天上星體的運動，所以將它們轉換成了另一種形式，當我們回過頭來討論，天幕不就有如鐘錶盤面，日月星辰等有如鐘錶盤面上的指針，持續且規律的運轉並歷久不衰，而觀象授時看的就是這一座日月星辰的巨大天文鐘，奇幻而令人著迷，讓不同文明在同一片天空下孕育出不同的時間曆法。

「月上柳梢頭，人約黃昏後」，再耳熟人詳不過的一句情詩，也是科學和人文交會的典照，巧妙的利用月亮出現位置來點出約會日期，黃昏之後月亮早已爬到半天至中天位置，可知約會日期應在於上半個月接近十五之際，是否果真如此？歐陽修在詩詞的上句就已經給出答案，「去年元夜時，花市燈如畫」，宋時期的元宵節規模與現今相比毫不遜色，時間為期三日，最長可達五日之久，分布於十五前後，答案與天文現象完全交互應證，因此了解天文學的人稍加推敲，答案就已了然於胸。事實上，月亮位置和月相變化就可大致推測日期和時間，現在學生們可能為了應付考試而背誦的月相變化口訣：「初一初二不可見，初三初四眉形月，初七黃昏上弦月，慢慢變胖盈凸月，十五十六是滿月，慢慢瘦身虧凸月，廿二夜半下弦月，廿九三十月難見。」就是觀象授時的整體表現。若在搭配上春季大弧線（春季大三角）、夏季大三角、秋季四邊形、冬季大三角等各季節所出現的獨特星座，更可推測身處一年當中的哪個季節和月份。

也許，當我們重新學習天體的知識時，就可仰望星辰，利用天空這座古老大鐘來得到時間的答案，回答「現在是幾點？」、「現在大約是幾月？」……等問題，因此用天體大時鐘一詞，可說絲毫不過分。

第三章

西曆、公曆與生活

曆法的概念總是與混沌和空間、世界結構、地球、天空、星星和人類生活的概念聯繫在一起。

一天，一月，一年

在古代，人類以自然的規律來調節生活。他們在山洞中聚居，以打獵和採集為生。走出山洞，面對著的是壯麗的山峰、湖泊、河流、茂密的森林和廣闊的荒漠。為了尋找方向和路標，古人們觀察著天空中的日月星辰。白天他們以太陽為指引，而夜晚則以星星和月亮為路標。這些自然界的現象不僅成為他們最早的路標，也是最早的時鐘。

當太陽落山，月亮升起時，人們發現月亮的形狀會週而復始地變化。從無到有，從小到大，從大到圓，再從圓到缺，最後再度消失。於是人們將一個「日」定義為太陽落山到月亮連續兩次升起之間的時間。然後，他們觀察並計算月亮的變化週期，以「月」來表示更長的時間單位。雖然這些觀察並不是非常精確，但對於古人來說已經足夠實用了。

對於「年」的認識比起「日」和「月」來說晚了許多。在人類了解地球繞太陽運行之前，農業社會的人們開始注意到季節的變化，並將之與農作物的種植和收穫時間相關聯。很多自然現象也刺激著他們的感知，例如樹葉的凋零和野草的枯萎意味著天氣變冷；當山上的雪融化、草地萌芽時，天氣又開始轉暖。這些日復一日的觀察和體驗使得人們逐漸形成了對「年」的概念。

早在唐代，詩人白居易就在他的作品《賦得古原草送別》中提到了季節的變化。他寫道：「離離原上草，一歲一枯榮。野火燒不盡，春風吹又生……」這四句古詩深刻地指出了季節變遷中草木的生長與凋零，以及自然界循環的現象。這種觀察不僅存在於白居易的詩作中，宋代詩人陸游也在他的作品《鳥啼》中提到了鳥類的叫聲與四季的關聯。

他寫道：「野人無日曆，鳥啼知四時；二月聞子規，春耕不可遲；三月聞黃鸝，幼婦憐蠶饑；四月鳴布穀，家家蠶上簇；五月鳴鴉舅，苗稚厭草茂。」陸游在詩中提及了不同季節中不同鳥類的叫聲，以及與之相關的農業活動。他強調鳥類的啼聲是農民們判斷季節變化的重要指標，這種觀

察也成為了農民們適時進行春耕、蠶桑等農事活動的依據。

　　這些古代詩人的詩作反映了人們對自然變化的敏感度和對時序的掌握。雖然他們沒有現代科學的精確測量工具，卻憑藉著觀察和經驗，建立了與自然界共鳴的節奏。這種節奏讓人們的生活與大自然保持著契合，讓農耕、漁獵、放牧等活動能夠順利進行。

何謂曆法

　　曆法是一種時間計量，是一種度量衡。曆法是一個人文社會發展的時間秩序和規矩，小至生活瑣事，大至家國政治，都受其影響。它也是一種科學和數學的表現，由週期量測制定各種時間單位，由數學統計歸納單位週期的轉換以及回歸校正，科學驗證更是曆法演進的重要工作，也因此在各年代產生不同的曆法。

　　考慮到宇宙中天體的自轉和公轉，制定曆法的複雜性就在於如何準確地計算這些運動和週期。地球自轉、繞太陽公轉，太陽自轉、繞恆星公轉，恆星自轉、繞另一恆星公轉，所有這些運動都不均勻，而且它們的軌道也不是完全的圓形。在這樣的條件下，要制定一個精確的曆法是相當困難的。

　　地球繞太陽公轉的過程中，由於地球的自轉軸與其公轉軌道呈 23.5 度傾斜，太陽在不同的日子會出現在天空上的不同位置，這就是季節變化的原因。經過一個完整的週期，地球回到了軌道起點位置，這個週期稱為「回歸年」，大約需要 365.2422 日。除了太陽的週期，月球繞地球公轉也有它自己的週期循環。從地球觀測，從月圓到月缺再到月圓，大約需要 29.5306 日，這個週期被稱為「朔望月」。因此，人們開發了兩種不同的曆法：考慮太陽週期的稱為「陽曆」，考慮月球週期的稱為「陰曆」，而同時考慮兩者的曆法則被稱為「陰陽曆」。

　　在制定曆法時，還需要考慮到其他天體的運行和影響。例如，五大行星（金、木、水、火、土）在星空中的運行也被納入了曆法的計算中。這

些行星的位置和運動可以用來預測未來的天象，例如彗星的出現、流星雨的發生等。同樣地，曆法也需要考慮日月食的推算，以預測日食和月食的發生時間和位置。

經過漫長的觀測和計算，人們發現了許多天體運行的規律和週期性。他們根據這些規律，建立了不同的曆法系統，以幫助人們紀錄時間、預測未來的天文現象和農業活動。曆法的制定使人們能夠更準確地安排農作物的種植和收穫時間，以確保糧食的充足供應。

然而，曆法的設置過程並非一帆風順。由於天體運行的複雜性和不規則性，曆法的制定常常面臨挑戰和修正。古人們通過觀測和數學計算不斷優化曆法，以使其更符合實際情況。

在曆法的制定和修正過程中，古代的天文學家和數學家發揮了重要的作用。他們透過觀測天體運動的變化、研究數學模型和進行精確的計算，不斷改進曆法的準確性和精度。

曆法的發展也在不同的文明中展示出多樣性和獨特性。例如，中國古代的陰陽曆是基於陰曆和陽曆的結合，以更好地紀錄時間和預測天象。而印度的曆法則融合了宗教信仰和天文觀測，將宇宙的運行與人類的信仰結合在一起。

曆法的研究也對其他科學領域產生了重要影響。例如，在天文學的發展中，曆法研究成為觀測和計算天體運動的基礎。同時，曆法的修正也促進了數學和計算方法的發展，對數學學科的進步起到了重要的推動作用。

至今，曆法仍然在不斷發展和改進。現代的曆法使用更先進的觀測儀器和計算方法，以確保更高的準確性和精度。科學家們仍在研究天體運行的規律和週期性，以改進曆法系統，更好地滿足現代社會的需求。

古埃及太陽曆

古埃及人創造了日曆的歷史悠久，早在西元前四千多年就已經開始制

定曆法。他們的曆法基於尼羅河的氾濫和天狼星的運動，對農業和宗教活動有著深遠的影響。

尼羅河對於古埃及人來說是生命之源，每年的氾濫為土地帶來豐沛的水源和養分。古埃及人觀察到當天狼星在天空中消失了 70 天後，於 7 月某一天重新與太陽一同昇起（約在現在的 7 月 19 日左右），這意味著尼羅河即將氾濫。他們將這一天訂為新年的日期，並以天狼星的出現來預測尼羅河的洪水和農業季節。

埃及人對天狼星的崇拜可見一斑，他們修建了祭祀天狼星的神殿，並將祭祀廟宇的門朝向天狼星升起的方向。有人甚至認為金字塔是用來觀測天狼星的建築物。

根據觀測，古埃及人發現一年的真實週期是 365.25 日。當時的埃及托勒密王朝歐吉德皇帝意識到天狼星每隔 4 年就會晚 1 天與太陽同升，為了避免未來在冬天慶祝夏天的節日，他頒佈了一個命令，要求每隔 4 年將原本年終時長達 5 天的年終祭祀日再加上 1 天。這樣，古埃及太陽曆的平均曆年長度將會是 365.25 日，類似於 200 年後儒略曆的精確。

然而，埃及的祭司們並未遵從皇帝的命令，他們堅持保持原來的徘徊年（即一年為 365 天），以確保節日與祭神的會合時間保持一致，並維護宗敬的埃及曆法的「神聖」地位。因此，這個改進曆法命令未能實施，成為埃及曆法史上的一大遺憾。

儘管如此，古埃及人的民用曆法 Annus Vagus（「徘徊年」，Wandering Year）對時間的觀測和記錄仍然相當精確。他們將一年分為三季：氾濫季、生長季和乾旱季。每個季節有四個月，因此一年仍然被劃分為十二個月，每個月三十天。多出的五天則被放在年尾，作為年終節慶祭祀的日子，依次對應冥神奧西利斯、太陽神何露斯、黑暗之神塞特、生育女神伊希斯與死亡女神尼芙蒂斯的生辰。此外，古埃及人將每個月再分為三周，每周為十天。這樣的曆法結構使得古埃及人能夠確切地計算時間來組織農業和宗教活動。

聰明的古埃及人也將一天劃分為 24 小時，但卻與現在有著些微不同。他們利用日晷的陰影來測量時間，將白天分為 10 個小時（稱為日光系統），並在白天開始時和結束時增各加一個小時。夜晚則被劃分為 12 個小時，這是根據研究了 36 個星群的觀察而得。而且，在古埃及的時間制度中，白天和夜晚的小時長度是不均等的，並且隨著季節變化。夏天，白天的小時比夜晚的小時長，而在冬天則相反。這種時間制度的靈活性，讓古埃及人能夠適應季節性的時間變化。

仔細比對，天狼星年的精確度仍然略低於回歸年。回歸年是地球繞太陽一周的時間，而天狼星年則是天狼星回到同一位置所需的時間。因為天狼星年少了約 0.2422 天，每四年就會累積近乎一天的差距，每 1,460 年（365×4）就會相差整整一年。這種徘徊在回歸年週期邊緣的現象被稱為天狼週期。

儘管古埃及太陽曆存在一些精確度上的不足，它仍然是古代世界最早的日曆之一，展現了古埃及人對天文觀測和農業的深入研究。這個古老的曆法體系不僅為古埃及人民提供了準確的時間參考，也成為了他們文化和宗教崇拜的重要元素。

古巴比倫文明的陰陽曆

古巴比倫文明的陰陽曆是一個充滿智慧和傳統的曆法系統。它將天文觀測、農業、宗教和季節性活動巧妙地結合在一起，為古巴比倫人提供了準確的時間參考和宇宙秩序的理解。

古巴比倫人對天文現象的觀測和記錄非常重視。他們崇拜著與太陽和月亮相關的神明，並根據日月的週期制定曆法。他們將一年分為十二個月，每個月由新月初升開始，根據月相的盈虧來確定月份的長度。在蘇美爾阿卡德時代，巴比倫人制定了曆法，以月亮的陰晴圓缺作為計時標準，每個月由新月開始。他們將一個月定為 29 或 30 天，一年定為 12 個月（其中 6

個月為 29 天，6 個月為 30 天），總共 354 天，因此每個月的平均長度約
為 29.5 日。

　　然而，由於月亮的週期與太陽造成的四季總長不完全吻合，古巴比倫
人面臨著曆法準確性的挑戰。為了解決這個問題他們發明了「置閏」的概
念，通過插入閏月來進行調整，把歲首放在春分，而置閏月的原則則是盡
量使歲首保持在春分附近。起初，他們依靠經驗來判斷何時插入閏月，每
三年，他們在曆年中插入一個額外的閏月，以調整曆法與季節的對應關係。
起初，他們依靠經驗來判斷何時插入閏月，每三年，他們在曆年中插入一
個額外的閏月，以調整曆法與季節的對應關係。建立了 8 年 3 閏和 27 年
10 閏的規定。

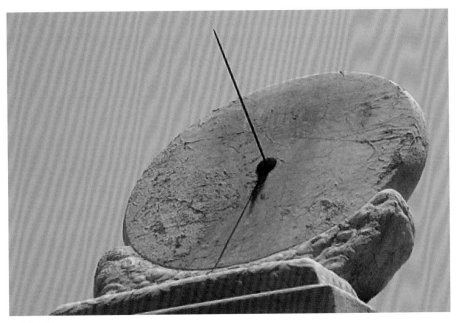

埃及的古晷

置閏的方式最初並無依定規則可言，繼而是通過觀測天狼星、大角星或昴宿星團在天空出現的月份來決定來年是否置閏。然而，後來這種觀測方式被數學方法所取代。當然，隨著置閏方式的改變，古巴比倫人的曆法制度由 8 年 3 閏變更為 27 年 10 閏，最後於西元前 4 世紀，他們發現每 19 年有一個固定的循環，在這 19 年中置入七個閏月，可使他們的陰陽合曆獲得最高的準確性。

除了月份的計算，古巴比倫人首先將一個晝夜分為 12 組雙時或稱巴比倫時間（Babylonian hours），1 組雙時相當於今日的 2 小時，古巴比倫人在計數上除了 10 進位制外，也採用了 60 進位制的方式，以人類的雙手扣除大拇指外的 12 個手指關節數來計算，至於是否因 60 進位制發展出一天 24 小時，一小時 60 分，一分 60 秒，一秒 60 單位的時間制度則眾說紛紜，未有定論。

60 進位制可將圓圈劃分為 360 度，而古巴比倫人選擇 360 度的原因是因為它接近一年的天數，即 365 天，而且 360 可以被許多數字整除，如 2、3、4、5、6、8、9、10、12、15、18、20、24、30、36、40、45、60、72、90、120 和 180，而不需要使用分數。這種 60 進制的位值制度對後來的希臘人和歐洲人產生了深遠的影響，並在 16 世紀被引入數學計算和天文學計算中。至今，60 進制仍然在角度、時間等記錄上被廣泛應用。

在古巴比倫的陰陽曆中，一年的第一個月始於太陽駐留在白羊宮的時段，即公曆的 3 月 21 日至 4 月 20 日。其他月份依次類推，每個月都與特定的黃道星座相關聯。古巴比倫人對這些星座有著自己的稱呼和傳說，並將它們融入到他們的文化和宗教信仰中。

古巴比倫人的陰陽曆不僅是一個農業和宗教的曆法系統，它還體現了他們對宇宙秩序和時間觀念的深刻理解。這個曆法不僅提供了他們準確的時間參考，也成為了他們社會組織和日常生活的重要指南。

雖然古巴比倫文明的陰陽曆已經在時間的長河中逐漸消逝，但它的影響卻深遠而持久。它為後世曆法的發展奠定了基礎，並對人類對時間的理

解和觀測方法產生了重大影響。古巴比倫人的智慧和創造力在曆法領域的貢獻是不可忽視的。

今天，我們仍然能夠感受到古巴比倫文明的陰陽曆帶給我們的影響。此外，置閏的概念在一些傳統曆法中仍然存在，以確保曆法與季節的準確對應。古巴比倫文明的陰陽曆展現了天文學的進步和智慧，以及他們對於宇宙運行和時間規律的探索。古巴比倫人的曆法體系不僅僅是一個工具，它代表著他們對於人類與宇宙之間聯繫的深刻思考。

然而，隨著時間的推移，古巴比倫文明的陰陽曆逐漸被新的曆法系統所取代。隨著科學和天文觀測的發展，人們對於時間和宇宙的理解越來越精確。現代的格里曆和其他曆法體系已經取得了更高的準確性和可靠性。

儘管如此，我們仍然應該珍惜古巴比倫文明的陰陽曆所帶來的啟示。它提醒著我們人類與自然界之間的密切聯繫，以及我們在宇宙中的微不足道的存在。它也教導著我們對於時間的尊重和慎重，以及對於自然循環和季節變化的感激之情。

古巴比倫文明的陰陽曆代表了人類智慧和探索的里程碑。它們不僅為古代文明的發展和繁榮做出了重要貢獻，也為後世的科學和文化遺產留下了寶貴的遺跡。讓我們珍惜並繼續傳承這些古代文明的智慧，以豐富我們對於時間、宇宙和人類自身的理解。

古希臘的曆法

在所有古代的曆法系統中，希臘曆法是最令人困惑的。希臘曆法從一個地區到另一個地區都有某種基本的相似性，但每個城邦都保留了自己的曆法版本。雅典的曆法是人們所熟知和研究最深入的，因此可將它作為希臘曆法的模型。西元前三世紀以後的雅典人，可以查閱五種「日曆」中的任何一種：奧林匹克日曆、季節性日曆、民用日曆、大公會議日曆及默冬日曆。要用什麼曆法取決於他們希望記錄的事件或事件類型。

　　儘管有多種不同的曆法，但雅典人在日常生活中通常使用的是農曆（朔望月）來跟踪時間。由於農曆年比太陽年短約 11 天，所以在一段時間後，季節和節日就會與實際的太陽事件不符。為了協調月亮和太陽週期，雅典人實行週期性置閏，即刪除或插入日期和月份。

　　不同的日曆在不同的時間因不同的原因和不同的用途而流行，學者們將這些古希臘曆法統稱為「陰陽曆」，指的是它們基於月亮週期和太陽週期的結合。這也顯示出古希臘人對時間的理解和利用是多樣且靈活的。

　　今天，「雅典曆」一詞最常見的用法是指雅典的民曆（或節日）。這個日曆是古希臘人使用的主要曆法，用於規範雅典的眾多節日。雅典人將節日分為兩種類型：每年約有 80 個重複的慶祝活動，以及在每個朔望月月初聚集的每月慶祝活動。

　　雅典民曆使用由 12 或 13 個太陰月組成的陰陽年，並以在該農曆週期中發生的主要節日來命名每個朔望月。雅典人使用置閏（插入週期性的第 13 個朔望月）來使年度週期盡可能接近隨後每年的夏至。這樣的調整使得民用日曆與季節保持一致，閏年有 384 天。每個民用年將在夏至之後的第一個新月（Hekatombaion 1）左右開始。

　　古代雅典人將每個朔望月（從一個新月到下一個新月的時間，大約 29.5 天）分為三個階段，每個階段各 10 天，這種階段被稱為"dekads"（希臘文：$\delta \epsilon \kappa$ ）。這三個階段分別是：

　　前十天（1-10 日）：被稱為「前十天」或「上旬」。

　　中十天（11-20 日）：被稱為「中十天」或「中旬」。

　　末十天（21- 月底）：被稱為「末十天」或「下旬」。

　　這種十天為一個階段的劃分方式在古代希臘的雅典城邦中是相當普遍的，這種體系在希臘的日常生活和農業活動中被廣泛使用。

　　古希臘的歷史學家使用雅典的執政官名單來確定事件的日期。雅典人通過記錄在特定年份任職的執政官來追踪民用歷的後續年份。由於執政官開始監督一年一度的宗教節日，他們也負責維護民曆。

西元前 432 年，雅典天文學家梅頓引入默冬曆法。它是一個 19 年的陰陽週期，也稱為默冬週期，其計算方法是 19 個太陽年幾乎等於 235 個農曆月。經過四捨五入後，每個週期總計 6940 天，並且每 219 年就會出錯一整天。

雅典人使用默冬曆來將陽曆和陰曆準確對齊，同時插入 7 個年份（235＝19×12＋7），系統地調整日曆。第一個默冬週期從西元前 432 年夏至開始，到西元前 413 年夏至結束。

默冬曆的概念類似於早期巴比倫天文學家的曆法，但巴比倫的 19 年週期是從春分後新月的第一次出現開始的。儘管如此，梅頓的默冬曆在雅典的民用曆法中得到了廣泛使用。

一個世紀後，庫齊庫斯的卡利普斯（Calippus，370 ～ 300 B.C.）對太陽年的持續時間進行更準確的計算，他發現一個 76 年的太陽週期，由 940 個月球週期或 27759 天組成。他將 19 年默通週期乘以 4，然後從最後一個 19 年週期中省略 1 天，得出這個卡利皮克週期（Callippic Cycles）。他也使用雅典民曆的朔望月來建立陰陽曆。

許多後來的天文學家，包括托勒密，都利用了卡利皮克循環來進行日曆調整。默冬曆和卡利皮克循環在古代希臘的日曆制定中起到了重要作用，確保了太陽和月亮運動之間的準確對齊。

此外，古希臘文明在每日的時間制度上，希帕恰斯將一個太陽日分為 24 等分，一等分為一小時，一天的 1/86400 為一秒。

奧林匹克日曆

奧林匹克日曆是古希臘的一種日曆，它只計算年份，而不涉及具體的天數或月份。這種日曆主要用於歷史目的，用於協調各個希臘城邦當地的日曆記錄的歷史事件，提供一個共同的參考框架。

根據普魯塔克（Plutarchus，ca. 46~125）和其他古希臘歷史學家的記載，

西元前 5 世紀的伊利斯的智者希皮阿斯（Hippias）首先記錄並建立了奧林匹克勝利者的規範序列。後來，昔蘭尼的埃拉托色尼在西元前 3 世紀制定了奧林匹克序列的最終形式。這個奧林匹克序列對於解釋托勒密王朝的統治年份等重要事件變得尤為重要。

　　儘管奧林匹克日曆在歷史記錄中具有重要性，但它並不是計算日期的傳統曆法，它只是用來幫助編年史家在協調不同城邦的歷史事件時提供一個共同的時間參照。這個日曆的起點是西元前 776/5 年，這是第一屆奧林匹克運動會的開始時間，而每四年一度的奧運會活動則為古希臘人提供了一個可接受的通用年數。因此，古代雅典人和其他希臘人只將奧林匹克曆用於歷史目的，在日常生活中，他們則使用其他更具體的曆法。

古羅馬曆與努馬曆

　　古羅馬的曆法在紀元前 8 世紀初期是相當混亂的，一年被分成 10 個月，其中有些月份是 30 天，有些是 29 天。在這 10 個月結束後還有 70 多天作為休息日，不計入月份中。休息日一直持續到樹木開花的時候，人們開始舉行祭祀活動，做為新的一年的開始。當時的月份並沒有名字，也沒有確定的順序。

　　直到古羅馬的傳說領袖羅穆路斯（Romulus）和努馬（Remus）於西元前 8 世紀建立了古羅馬城。他們在這個時期將一年分為十個月，只有在閏年時添加一個月來校正四季的偏差，這樣一年就有 304 天。這十個月的名稱分別是 Martius、Aprilis、Maius、Junius、Quintilis、Sextilis、September、October、November 和 December。

　　Martius（即現在的三月）是羅馬神話中戰神的名字，代表一年的開始，有 31 天。Aprilis（即現在的四月）代表二月，有 30 天，是紀念羅馬神話中愛神維納斯的月份，意思是「開花的日子」。Maius（即現在的五月）代表三月，有 31 天，是羅馬神話中的春神。Junius（即現在的六月）是朱比特

（Jupiter）的妻子朱諾，也是婚姻女神，代表四月，有 30 天。這些月份的名字都來自於羅馬神話。

然而，這個曆法存在一個問題，即它無法完全反映太陽年的長度。太陽年是地球繞著太陽一周所需的時間，約為 365.2425 天。而羅馬曆只有 304 天，與實際的太陽年相差了約 61 天。羅馬人忽略了這些日子，將它們視為無名且不定期的日子，過著毫無規律的冬季。

這種羅馬曆法在使用過程中變得非常混亂，而且常常被濫用，導致曆法的不準確性和混亂。曆法與實際季節之間的錯位越來越大，使得羅馬人難以確定準確的時間和節日。

在西元前 713 年（羅馬紀元 41 年），第二任國王努馬受到當時希臘曆法的啟發，將原本的一年十個月增加為十二個月，使得一年有 12 個月。由於羅馬人認為單數是吉利的，雙數則不吉利，因此每個月的天數都被設定為奇數。新加的第十一個月被命名為 Januarius，是為了紀念一位具有兩張臉的神，他的一張臉向前，一張臉向後，代表著同時注視著過去一年和未來一年。第十二個月被命名為 Februarius，這個名字源於死神，意味著淨化罪惡。

為了使年度的長度與希臘的 354 天曆年相符，羅馬人從原本的 6 個 30 天的月份中各減少了一天，再加上相對於希臘曆年短了 50 天的日子，共計 56 天，分配到增加的兩個月中。這樣一年的天數為 354 天，與回歸年（太陽年）的 365 天長度相差了 11 天。為了調整這個差距，西元前 509 年開始，羅馬人規定每 4 年增加兩個月，名為 Makkedonius，意思是「閏月」。這兩個月分別在第二年和第四年的末尾添加，第二年的 Februarius 增加 22 天，第四年的 Februarius 增加 23 天。這就是努馬曆。從此，努馬曆實際上已從原本的陰曆轉變為陰陽曆。

然而，由於制定曆法和增減閏月的權力掌握在當時的僧侶和政治家手中，他們為了達到自己的目的，有時候會隨意增減閏月，導致曆法的混亂。到了西元前 46 年，羅馬所使用的曆法已經比太陽曆落後了 80 天，造成了

寒暑錯位，春秋難以分辨。法國啟蒙時代的思想家伏爾泰曾嘲諷羅馬的曆法，他說：「羅馬人常打勝仗，卻不知道是哪一天打的勝仗。」

羅馬人對於時間制度的靈活，也可以從每小時長度的設計看出。對於羅馬人來說，一天被分為兩個時段：日出時和日落時。然後，每個時段被細分為數個小時。乍看起來，這似乎類似於現代的一天24小時制度。然而，有一個相當重要的差異：羅馬小時並沒有固定的長度，而是將一天的白天或黑夜時間除以十二。由於一年中每天的日照量差異很大——夏季可能有長達15小時的日照，而冬季僅有8或9小時，因此夏季的一個羅馬小時可能相當於現代的一個半小時，同樣，在冬天，一個羅馬小時可能只有我們現代時間的40分鐘長。

羅馬人講述時間時，他們將日出後的第一個小時稱為「一天中的第一個小時」，接下來的一個小時稱為「一天中的第二個小時」，依此類推，直到第12個小時。夜間12小時的工作方式相同，只是起點是日落。因此，您將擁有日落後的第一個小時或第二個小時，依此類推。

然而，隨著時間的推移，人們意識到需要更為精確和統一的時間制度，這導致了我們後代的24小時制度以及60分鐘和60秒的細分。如此一來，從古埃及、股巴比倫、古希臘乃至古羅馬，一天分成24小時，時、分與秒的60進位制從古文明沿用至今，並已成為人們生活的基本時間單位。

儒略曆

故事開始於西元前59年，羅馬的偉大統治者儒略・凱撒（Julius Caesar）登上了政治舞台。凱撒以其出色的領導才能和勇敢無畏的個性而聞名，他對羅馬的發展有著巨大的願景。

凱撒發現當時的羅馬曆法存在著許多問題，曆法混亂，與實際太陽運行的時間不相符。他決定採取行動，推動一場具有革命性意義的曆法改革。凱撒尋求了當時最優秀的天文學家和數學家埃及亞歷山大的天文家索西琴

（Sosigenes）的協助，與他合作制定新的曆法。

在西元前 46 年，凱撒頒佈了改曆的命令，制定的新曆法被稱為儒略曆（Julian calendar），以紀念凱撒的功績。這個新曆法採用了一些關鍵的改變，旨在確保曆法與太陽的運行相符。

根據儒略曆的規定，一年被分為 12 個月，其中有些月份為 30 天，有些為 31 天，而 2 月份則設置為 28 或 29 天。為了解決實際太陽年 365.2422 日和儒略曆的 365.25 日之間的差異，他們引入了閏年的概念。根據新的規定，每四年設置一個閏年，該年有 366 天，閏年的閏日在 2 月增加一天，使得閏年的 2 月有 29 天。

凱撒的儒略曆改革對當時的羅馬帝國產生了深遠的影響。它帶來了曆法的統一和準確性，使得羅馬帝國各個地區的時間觀念更加一致，方便了政府、商業和日常生活的運作。

然而，凱撒的故事並未就此結束。西元前 44 年，凱撒在羅馬元老院遭到政敵的謀殺，他的離世震驚了整個帝國。凱撒的遺囑中唯一的繼承人是他的養子屋大維（Octavian），他在接下來的歲月裡努力繼承凱撒的遺志，成為新的羅馬統治者。

西元前 27 年，屋大維獲得了羅馬元老院的承認，並被賜予了「奧古斯都」這一神聖的稱號。作為統治者，他決定將自己的尊號奧古斯都用來命名他出生的月份——8 月（August），並將該月的天數增加到 31 天，以與七月（Julius）相等。

然而，由於七月和八月都成為了大月，為了確保一年的總天數為 365 天，必須調整九月份以後的大月和小月，同時在二月份減少一天。這樣，二月份變為 28 天，閏年時增加到 29 天。

凱撒和奧古斯都的故事告訴我們，曆法的改革是一個複雜而艱難的過程，需要政治家、天文學家和數學家的合作和智慧。儒略曆作為他們的遺產，持續使用了數個世紀，直到後來的曆法改革引入了格里曆，進一步提高了曆法的準確性。

格里曆與消失的十天

在羅馬人採用儒略曆的幾個世紀後，格里曆（Gregorian calendar）的出現為曆法帶來了更大的改變。格里曆的改革是由羅馬教皇格里高利十三世（Pope Gregory XIII）領導的，他成立了一個曆法改革機構，並借助義大利天文學家里利烏斯（Aloysius Lilius）和教廷的顧問克拉維斯（Christopher Clavius）的協助，頒佈了改訂後的曆法。這一新的曆法於 1582 年 3 月 1 日正式實施，後世稱之為格里曆。

格里曆實際上是在儒略曆的基礎上做了兩項重要的修改。首先，格里曆在 1582 年 10 月 4 日的後一天，直接跳過了 10 天，改為 10 月 15 日。這一舉動是為了使曆法與真實的季節更為準確地對應，解決了儒略曆中日期與節氣不符的問題。其次，格里曆引入了世紀年的閏年規則。根據格里曆，世紀年（以 00 結尾的年份）只有在能夠被 400 整除時才是閏年。這意味著1700 年、1800 年和 1900 年不再被視為閏年，但 2000 年仍然是閏年。這個修改提高了曆法的精確性，使得格里曆的曆年長度與回歸年的差異僅為 26秒。

格里曆的改革使得節日和紀念活動的日期更加準確和穩定。在儒略曆時代，由於春分日的漂移，復活節等基督教節日的日期逐漸與季節脫節。格里曆解決了這一問題，使得春分日再次回到了 3 月 21 日前後，確定了復活節的日期，使得基督教社群能夠更好地慶祝這一重要節日，同時也為其他宗教和文化的節日確定了準確的時間。此外，格里曆的精確性使得每隔3300 多年才出現一天的誤差，從而避免了春分日的漂移現象。

除了這些修改，格里曆還進行了另一項重要的變革，即將元旦從 3 月25 日的天使之宴（Lady Day）移至 1 月 1 日。這一舉措旨在與基督教的宗教慶典更好地配合，同時也是對新年的慶祝活動進行統一。

格里曆的頒佈在 18 世紀的歐洲社會中引起了不少爭議和討論。這些爭議涉及到宗教、政治和社會的各個方面。當時，一些新教徒認為格里曆

是天主教的陰謀。儘管教皇格列高利改革曆法的法令在天主教教會之外沒有權力，但天主教國家，包括西班牙、葡萄牙和意大利，仍迅速採用了新的曆法系統於他們的民事事務。然而，歐洲的新教徒基本上拒絕了這一改變，因為他們認為這與教皇有關，擔心這是試圖壓制他們運動。直到 1700 年，德國新教才接受轉換，而英國和美洲殖民地實際上則直到 1752 年才轉換。瑞典於 1753 年才接受了這一改變。當新教國家們最終轉換時，他們不得不刪去 11 天。至於土耳其則在 1917 年之前一直使用朱利安曆和伊斯蘭曆兩種曆法。

　　英國採用格里曆引發了騷亂和抗議，雖然現在大多數歷史學家相信這些抗議從未發生或被大大地誇大。根據一些記載，英國市民對議會的一項法案，將曆法從 1752 年 9 月 2 日一夜之間推進到 9 月 14 日之後並不予理睬。據說騷亂者上街要求政府「把我們的 11 天還給我們」。然而，與此同時，在大西洋的另一邊，班傑明·富蘭克林對這一變化寫道：「對一個老人來說，能在 9 月 2 日上床睡覺，直到 9 月 14 日起床是件愉快的事情。」

格里曆公告

　　與此同時，在法國大革命期間，法國的領導人決定清除曆法中的任何宗教色彩。1792 年採用的新法國共和曆有 12 個相同的 30 天月份，每週有 10 天，每年末還有五六天假期。這個曆法還將月份重新命名為霧月（Bru-maire）或（熱月）Thermidor 等。然而，這個奇特的曆法在 1805 年被廢棄，只在 1871 年的巴黎公社時期（la Commune de Paris）短暫復活。

　　如今，格里曆基本上征服了世界，大多數國家現在為了協調目的而遵循格里曆。沙特阿拉伯在 2016 年從伊斯蘭曆轉換過來，因為刪去 11 天可以幫助在預算緊縮的王國節省公務員薪水。

　　但各國並不總是按照格里曆的時間表來慶祝新年。該節日通常基於月亮的週期，並不一定在 1 月 1 日。例如，伊朗的波斯新年是根據北半球的春分來確定的。

　　總之，格里曆的頒佈在 18 世紀的歐洲社會中引起了各種爭議和討論。這些爭議涉及到宗教、政治、社會和科學等多個領域，反映了當時社會的多元性和複雜性。然而，隨著時間的推移，格里曆逐漸被廣泛接受和採用，成為了現代社會中的主要曆法系統之一。

公曆的由來

　　格里曆（Gregorian calendar）於 1582 年頒佈及實施後，在接下來的幾個世紀逐漸被其他國家所接受和採用而成為現今採用的公曆。當時教皇格里高利十三世（Pope Gregory XIII）頒布了一項教皇法令，將這個新的曆法系統引入世界。根據該法令，當年 10 月 4 日之後的日期將直接跳至 10 月 15 日，刪去了該年的 10 天，以將曆法與實際的太陽年對齊。

　　儘管教皇法令在當時僅適用於天主教國家，但格里曆在接下來的幾個世紀逐漸被其他國家所接受和採用。各國的轉換時間並不相同，取決於他們的文化、政治和宗教因素。如今，格里曆已經成為世界上大多數國家所使用的公曆系統。它在民事、商業和日常生活中廣泛應用，成為了國際上

的曆法標準。

　　根據史實，西班牙、法國、意大利諸邦等天主教國家確實在格里高利十三世頒布教皇法令後迅速接受並採用了格里曆。這些國家對教宗的決定表示支持態度，並立即改用了格里曆。然而，許多新教國家確實一直到 18 世紀才陸續放棄儒略曆，例如英國及其殖民地於 1752 年開始採用格里曆。

　　東正教國家確實在使用格里曆方面稍晚一些，直到 20 世紀初才開始廣泛使用。例如，在俄國 1917 年十月革命後，蘇聯在 1918 年改用了新曆。希臘是歐洲最後一個採用格里曆的國家，直到 1923 年才正式使用格里曆。在亞洲國家中，日本在 1873 年明治維新後開始使用西曆，中國則在 1912 年民國元年開始使用。

　　因此，格里曆確實成為真正意義上的「公曆」，在全球範圍內被廣泛接受和使用。各國根據自身的歷史和文化背景，在不同的時間段內採用了格里曆，最終實現了全球曆法的統一。

短暫實施的蘇聯曆

　　時光倒流到 1929 年的十月，前蘇聯為了消除教會對人民的影響，毅然放棄了傳統的格里曆，並引進了一套嶄新的蘇聯曆法。這套曆法將一個星期的天數從具有宗教色彩的七天改為五天，這樣就不再有星期日，人們不再需要停止工作、去教堂禮拜。此外，每個月都固定為三十天，一年則有七十二週。而多出來的五天則被定為國定假日，視為特別的日子，不屬於任何一周。

　　根據新的曆法，所有勞工被分為五組，按照曆法上的五種色塊進行輪班工作和休假。一張曆法就成了整年度的排班表。當其中八成的人在工作時，另外兩成的人在休息，每個人每周都有一天的休假時間。雖然休息的時間增加了，但是如果家庭成員、親朋好友不在同一班，大家就無法同時休假，因為不能調整班次。

　　兩年後，蘇聯恢復了格里曆，但仍堅持將一周劃分為五天。不過，在每個月的第 6、12、18、24 和 30 日，所有人都可以休息。而多出來的第 31 天，有些商業公司和政府機構會放假，但工廠通常繼續運作，連續工作六天。在閏年的二月，一些企業可能要求員工從二月 25 日一直工作到三月 5 日，也就是連續工作九天或十天。

　　儘管沒有星期日，仍有些人堅持按照傳統的格里曆休息。但是這種曆法實在太混亂，使用了十年後，1940 年，蘇聯最終完全放棄了蘇聯曆，重新恢復了格里曆，並回歸了每周七天的生活節奏。

　　蘇聯當時引進的蘇聯曆法嘗試從根本上改變人們對時間的理解和生活的節奏。然而，這種改變並沒有獲得普遍的認同和接受。儘管工廠和企業依然遵循蘇聯曆法的排班表，但人們的生活變得混亂和不協調。家庭成員、親朋好友的休假時間無法同步，人們感到無法安排好彼此的相聚和休閒活動。這種不協調讓人們意識到，曆法需要與自然的節奏相結合，才能確保生活的順暢和平衡。

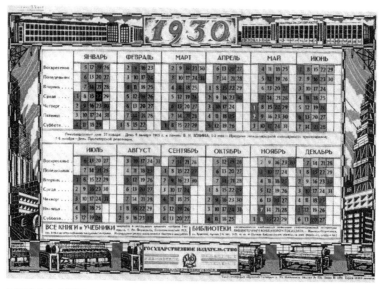

短暫實施的蘇聯曆

儒略曆、儒略年、儒略日

　　儒略曆（Julian calendar）是一種曆法，由羅馬共和國的統治者儒略凱撒（Gaius Julius Caesar）於西元前 45 年頒布使用。然而，儒略曆中的計算誤差所累積問題導致它在 1582 年被格里曆（Gregorian calendar）所取代。

　　儒略年（Julian year）是天文學中使用的時間單位，表示儒略曆中「年的平均長度」。一儒略年等於 365.25 天，或者換算為秒為 31,557,600 秒。這個時間單位在天文學中常用於計算天體的公轉週期，例如天王星的公轉週期約為 30707 天，相當於約 84 儒略年。

　　儒略日（Julian day，縮寫為 JD）是一種紀日法，用連續的數字來表示自西元前 4713 年 1 月 1 日格林尼治（Greenwich）正午 12 時為 0 日起始的每一日。儒略日被廣泛用於天文學中，方便計算跨越長時間間隔或不同曆法之間的日期換算。例如，武王伐紂的牧野之戰發生於儒略日 1,340,111 日，而孔子的出生則對應於儒略日 1,520,087 日。儒略日與公曆日期之間存在明確的對應關係，並且儒略日的起算點為西元前 4713 年 1 月 1 日（儒略曆）。為了方便使用，各國天文曆書通常都提供了儒略日與公曆日期的對照表。

　　由於儒略日的累計數字範圍很大，國際天文學聯合會於 1973 年引入了簡化儒略日（Modified Julian Day，縮寫為 MJD）以簡化計算。簡化儒略日的起算點定為 1858 年 11 月 17 日世界時 0 時，計算方式為 MJD =JD- 2,400,000.5。例如，根據簡化儒略日計算，2018 年 3 月 19 日 0 時對應的 MJD 為 58,196。

　　儒略日的命名與荷蘭紀年學家約瑟夫・賈斯特斯・斯卡利傑（Joseph Justus Scaliger）有關，他在 1583 年提出這個紀日法，並以紀念他的父親朱利葉斯・凱撒・斯卡利格（Julius Caesar Scaliger）的名字命名。因此，儒略日的名稱與儒略曆及儒略凱撒並無直接關係。

西元指的是什麼

　　西元（Anno Domini）指的是公曆的紀元，用於記錄年代的起始點。公曆的制定可以追溯到 1582 年，但紀元卻以傳說中耶穌的誕生年份為西元元年。西元元年相當於我國的西漢平帝始元年，以此年份之前稱為西元前。

　　在西元前 1 世紀，羅馬帝國入侵巴勒斯坦，當時受壓迫的巴勒斯坦人渴望有一位救世主拯救他們，這位救世主就是傳說中的耶穌。基督教隨著巴勒斯坦人的流散而快速傳播開來，因為這個宗教迎合了窮苦人的心理，許諾窮人死後可以升入天堂，富人則比駱駝穿過針孔還難。傳說羅馬統治者將耶穌釘死在十字架上，但他在第三天復活並升入天堂。這些傳說和耶穌的言行被基督教徒寫成《聖經》的後一部分《新約全書》。基督教的傳播引起了羅馬統治者的不安，但到了君士坦丁時期（306~337），基督教已無法被扼制，於是統治者採取懷柔政策，宣佈基督教為國教，將其納入統治工具之中。

　　為了擴大基督教的統治勢力，西元 527 年，敘利亞的基督教僧侶狄奧尼西提議以耶穌的生日作為紀元，並認定耶穌誕生於 532 年前。這個提議得到了教會的大力支持，在教會內部先行使用。到了西元 15 世紀中葉，教皇發佈的宣告中普遍採用了這種紀年法。當 1582 年格里高利曆法制定時，「基督紀元」已經使用了許多世紀。於是，公曆的紀元自然地採用了耶穌誕生的年份作為起始點。這是出於歷史的傳承，若要做出改變，將帶來許多麻煩，因此大家一般都默認接受這個紀元。公曆的年首為元旦，選擇冬至後的第 10 天，以確保春分日在 3 月 21 日前後。

元旦的漂移

　　元旦的設計與古羅馬的索魯斯節以及其他傳統節日有關，這一傳統始於古羅馬時代，當時羅馬人慶祝「新年之門」（Janus）的節日，Janus 是羅

馬神話中開啟門戶的神靈，象徵著過去和未來的轉折點。於是，將元旦設置在冬至後的第 10 天，與這些傳統節日有聯繫，使元旦成為一個重要的節慶日期。

　　冬至是一年中白天最短、黑夜最長的日子，通常發生在 12 月 21 日或 22 日。冬至在自然界中標誌著冬季的開始，這個時期也被視為光明的象徵。在基督教的理解中，耶穌被視為世界的光和拯救者。因此，將聖誕節安排在冬至期間，可以將這個節日的意義與冬季的轉折和光明的回歸相結合。

　　後來，基督教在羅馬帝國的影響下傳播開來，公曆制定後，元旦被確立為新年的開始日期，也就是公曆的第一天。選擇元旦作為新年的開始，並將其與基督教的重要節日聯繫起來，使得這一天具有宗教和精神上的意義。

　　元旦的選擇還考慮了自然環境的因素。將元旦設置在冬至後的第 10 天，可以保證春分日在 3 月 21 日前後，這在農業社會中具有重要的意義。而且，隨著人類社會活動愈來愈頻繁，當時的宗教界及執政者需要讓時間的計算和行政管理更加方便。因此，元旦為政府、企業和組織提供了一個明確的起點，使得統計、行事曆、假期和其他相關事務的管理更加順利。

世紀和年代的劃分

　　世紀和年代的劃分是基於習慣用法和紀年系統，而非根據嚴格的原則。世紀是一個用來表示時間間隔的單位，17 世紀後開始使用。根據通用的慣例，百年為一個世紀，西元 1 年到 100 年為第一世紀，101 年到 200 年為第二世紀，以此類推。這種紀年法被稱為歷史紀年法，最早由英國歷史學家比德使用西元紀年推算西元前的年份。

　　年代是指以 10 年為單位的時間段。一般來說，我們會以年代來描述某一時期的特徵或趨勢。例如，20 世紀 60 年代是指西元 1960 年到 1969 年之間的十年時間段。在這個十年內，發生了許多重要的事件和變革，如文

化革命、太空競賽等。

然而，在天文學中，為了更方便計算，1740 年，法國天文學家雅克・卡西尼提出了天文紀年法，將西元 1 年記為 +1 年，西元前 1 年記為 0 年，西元前 2 年記為 -1 年，不再使用西元或西元前的字樣。這種紀年法被廣泛應用於天文學中。

在世紀和年代的劃分上，存在一些爭議和不同的看法。根據一種觀點，世紀和年代應該從每個百年的 0 年起算，這樣才能保持世紀和年代的一致性。然而，也有人主張世紀和年代應該從 1 年起算，這與古代帝王紀年法的做法一致，在位的第一年稱為元年，第二年稱為二年。此外，在日常用語中，人們經常稱某世紀的 10 到 19 年為該世紀的第二個十年，第一個十年稱為最初十年或本世紀初。

世紀和年代是相互關聯的。在西元紀年系統中，世紀的第一個十年與年代的最後一個十年是相同的。例如，20 世紀的第一個十年是 1900 年代，而最後一個十年是 1990 年代。這種關聯性可以幫助我們更清楚地理解特定時期的歷史和文化特徵。

世紀和年代的劃分並無嚴格的原則，而是基於習慣和共識。在轉入新的世紀時，不同國家和組織可能有不同的慶祝時間和劃分方式。例如，英國、意大利、瑞士等許多國家的慶典從 2000 年 1 月 1 日持續到 2001 年 1 月 1 日，歷時一整年。這樣的時間安排將整個 2000 年視為一個特殊的跨世紀慶典，其中包含了 2000 年元旦，也標誌著新世紀的開始。另一方面，一些國家則從 1999 年 10 月開始，一直慶祝到 2001 年 1 月，歷時 15 個月。還有一些國家從 1999 年 7 月一直持續到 2001 年 1 月慶祝。這些不同的時間安排反映了對新世紀開始的特殊重視和慶祝的期待。儘管慶祝的時間有所不同，但這些慶祝活動都以 2000 年元旦為重點，標誌著新世紀的到來。

總的來說，世紀和年代的劃分是一個因習慣用法而形成的紀年系統，並沒有嚴格的規定。不同國家和組織可能有不同的看法和慣例，關鍵在於能夠建立共識和認同。

星期的由來

　　星期制在公曆中被廣泛使用，以七天為一周循環往復。它的起源可以追溯到古巴比倫和古猶太文化，後來傳入埃及和羅馬等地，並隨著基督教的傳播而延伸到世界各地。

　　古巴比倫人將一個朔望月分為四等份，每等份正好七天，這形成了星期制的雛形。由於朔望月的長度約為 29.5 天，真正能見到月亮的時間只有約 28 天。為了短期紀日的需要，古人將能見月的 28 天分為四份，每份七天，這種劃分方式自然而然地形成了星期制。

　　古巴比倫人不僅劃分了星期，還為每一天命名。他們將太陽、月亮和五顆行星分配給星期中的七天，例如太陽分給星期日，月亮分給星期一，火星分給星期二，以此類推。這種星期命名方式在今天的歐洲許多語言中仍然存在。

　　古猶太人從巴比倫人那裡接受了星期制的概念。根據《聖經》的記載，上帝在創世後的第七天休息，稱為安息日（星期六）。這成為猶太教的休息日，並在星期制中佔據重要地位。

　　古埃及人也使用星期制，並將七天命名為與太陽、月亮和五顆行星相關的神祇。他們將太陽分給星期日，月亮分給星期一，火星分給星期二，依序和古巴比倫人相同。

　　基督教在星期制中起到了重要的影響。根據《聖經》的記載，上帝在創世後的第七天休息，稱為安息日。基督教將安息日視為特殊的日子，稱之為主日或禮拜日。因此，在基督教社會中，休息日是星期日，而不是星期六。這個變化使得星期日成為新一周的第一天，星期六則成為第七天，但不稱為星期七。

　　不同地區和宗教信仰會對一周的開始時間有所不同。例如，埃及的一周從星期六開始，猶太教以星期日為開始，伊斯蘭教則將金曜日排在首位。

在中國，一周最初是按照七曜命名的，直到清朝末年逐漸轉為星期一到星期六的命名方式。

在中國，星期一到星期日被稱為「一個星期」，這稱呼與中國古代曆法中的「七曜」相關。中國古代的曆法將二十八宿按照日、月、火、水、木、金、土的次序排列，並以七日一周循環往復。這與西洋曆法中的七日一周相契合，形成了相似的觀念。因此，在中國，一周被稱為「一個星期」，這稱呼源於清朝編譯圖書局首任局長袁嘉穀在工作期間對於七曜的命名感覺不順口，與同事商量後於 1909 年制定了以「星期日、星期一 …… 星期六」來稱呼一周內的各日。

總的來說，這些古文明的星期制觀念在歷史上相互交流和影響。隨著時間的推移，星期制成為世界各地日常生活和工作的重要時間單位，並在不同地區和文化中發展出多樣化的命名方式和應用。

月的名稱

西方語言中 12 個月份的名稱起源於古羅馬曆法的發展。最初，羅馬曆法只有 10 個月，但隨著時間的推移，經過努馬決定增加兩個月份的改革，成為了一年 12 個月的公曆。以下是每個月份的英文名稱及其由來：

January（一月）：源自拉丁文的月份名稱 Januarius，以紀念羅馬神話中的守護神雅努斯（Janus），他有兩個面孔，一個回望過去，一個眺望未來，象徵新年的開始。

February（二月）：衍生自拉丁文的月份名稱 Februarius。在羅馬，每年2 月初舉行菲勃盧姆節（Februa），人們在這一天進行懺悔和祈禱，洗滌過去的罪孽，以獲得神的庇護。

March（三月）：源自拉丁文的月份名稱 Martius，以紀念羅馬神話中的戰神瑪爾斯（Mars）。3 月是征戰季節的開始，人們將這個月視為新年的開始。

April（四月）：源自拉丁文的月份名稱 Aprilis，意思是「開花的日子」，象徵春天的來臨和花朵的盛開。

May（五月）：源自拉丁文的月份名稱 Maius，以紀念羅馬神話中的春天女神瑪雅（Maia）。

June（六月）：源自拉丁文的月份名稱 Junius，以紀念羅馬神話中的眾神之后朱諾（Juno）。

July（七月）：以古羅馬的凱撒大帝（Julius Caesar）命名，他在西元前44年改革曆法，並將自己的名字「Julius」加在7月（原本是古羅馬曆的5月）之上。

August（八月）：以羅馬帝國的屋大維（Augustus）命名，他是第一位羅馬皇帝，為了與凱撒齊名，將自己的尊號「Augustus」作為8月的名稱。

September（九月）：源自拉丁文的月份名稱 Septem，意思是「七」。儘管改曆後變為第9個月，但名稱仍保留著「七」的意義。

October（十月）：源自拉丁文的月份名稱 Octo，意思是「八」。儘管改曆後變為第10個月，但名稱仍保留著「八」的意義。

November（十一月）：源自拉丁文的月份名稱 Novem，意思是「九」。儘管改曆後變為第11個月，但名稱仍保留著「九」的意義。

December（十二月）：源自拉丁文的月份名稱 Decem，意思是「十」。儘管改曆後變為第12個月，但名稱仍保留著「十」的意義。

這些月份的英文名稱反映了古羅馬文化和神話的影響，以及歷史上重要人物的名字和事件的紀念。隨著時間的推移，這些名稱逐漸成為西方語言中標準的月份名稱。

撲克牌與公曆的關係

撲克牌，又稱為紙牌、橋牌或帕斯牌，其起源和演變有許多不同的說法。其中較為可信的是，撲克牌最早起源於中亞地區的紙牌遊戲，約在10

世紀時已有相關記載。另一種說法是撲克牌於 12 至 13 世紀時由中國傳入歐洲，並在演變過程中進行了一系列的改變。撲克牌的起源和演變經歷了許多人的參與，而在這漫長的過程中，撲克牌的變革受到曆法的深遠影響，並與曆法產生關聯。

一副撲克牌包含 54 張牌，其中 52 張是正牌，另外還有 2 張副牌，即大王和小王。正牌代表一年有 52 個星期，而這兩張副牌則分別代表我們熟悉的兩個天體：大王代表太陽，小王代表月亮。紅色的牌代表白晝，黑色的牌代表黑夜。

撲克牌中的四種花色，即黑桃、紅心、梅花和方塊，分別代表四個季節：春季、夏季、秋季和冬季。每種花色都有 13 張牌，對應著每個季節的 13 個星期。如果將 J、Q、K 視為 11、12、13 點，而大王和小王則視為半點，一副撲克牌的總點數恰好是 365 點。而在閏年中，將大王和小王各算為 1 點，則總點數為 366 點。許多專家一致認為，這種點數和季節的對應不是偶然的，因為撲克牌的設計和發展與星相、占卜、天文學和曆法等領域有著緊密的關聯。

撲克牌中的四種花色的 J、Q、K 與黃道十二宮有所對應：黑桃 J、Q、K 分別代表春季的雙魚宮、白羊宮和金牛宮；紅心 J、Q、K 代表夏季的雙子宮、巨蟹宮和獅子宮；梅花 J、Q、K 代表秋季的室女宮、天秤宮和天蠍宮；方塊 J、Q、K 代表冬季的人馬宮、摩羯宮和寶瓶宮。

撲克牌的結構和設計在某種程度上與曆法相吻合，可以說撲克牌是年曆的縮影。然而，撲克牌並不能完全涵蓋曆法的所有內容，例如撲克牌中並未呈現公曆中的月份。這種對應關係的解釋和使用在不同的地區和文化中可能有所差異，且主要是出於娛樂和象徵性的考量，並非撲克牌設計的原本意圖。

公曆改革及十二月、十三月世界曆

　　一般人認為，現行的公曆是一種準確且方便的日期表示方法。然而，對於稍有曆法知識的人來說，他們會發現公曆中存在著人為因素，且有明顯的缺點。例如，大小月份的排列不規律，需要特別記憶。每個月的天數長短不一，有的是 31 天，有的是 30 天，還有的是 29 天或 28 天，形成了四個不同的階梯。日期和星期之間缺乏固定的對應關係，年份和月份（除了 2 月）所包含的星期數並不是整數。此外，公曆的歲首沒有天文意義，每個季節（三個月）的時間也不相等，春季和夏季各有 93 天，秋季只有 90 天，而冬季只有 89 天。還有，公曆中的閏月過多，平均每 4 年就有一個閏月，400 年中總共有 97 個閏月，這對於查詢過去或計算未來的日期都不方便，同時也給人們在安排生產、制定計劃以及進行統計工作時帶來一定的困難。

　　為了克服這些缺點，1910 年在英國倫敦召開了一次國際改曆大會，會上提出了數十種對公曆進行修訂的方案，並決定於 1914 年在瑞士召開第二次大會，以確定這些方案。然而，第一次世界大戰爆發導致這個計劃無法實現，但對於改曆的熱情卻並未消退。1927 年，國際聯盟發布了 147 個曆法改革方案，這些方案主要涉及一年中月份的安排、日期的分配以及星期與日期的對應等方面，其中不乏一些較為優秀的改革方案。從格式和結構上看，「十二月世界曆」和「十三月世界曆」相對較簡潔，克服了公曆中上述一些缺點。

　　世界曆是 1930 年的一次曆法改革浪潮中出現的，該活動由萬國工商會發起，後由國際聯盟主持，從一百多個方案中選出了兩個候選方案，並徵求世界各國的意見。這兩個方案分別是世界曆方案和十三月曆方案。世界曆方案也被稱為四季曆方案，其中的「四季」指的是將一年平均分為四個等長的季節。然而，當時有一些國家反對世界曆，因為它違反了連續七

天星期制度。具體而言，當中一個星期內包含了八天，其中有兩個星期六，這對於一些宗教來說破壞了每七天一個循環的安息日，使得許多宗教無法接受。因此，這個方案被無限期擱置至今。

十二月世界曆的規則如下：每年分為四個季，每季有三個月；每季的第一個月為 31 天，其餘各月都為 30 天，使每季都有 91 天；每季的第一天為星期日，最後一天為星期六，每季共有 13 個星期；每年總共為 364 天，而第 365 天則被放置在 12 月 30 日之後，稱為「年終世界日」；每四年設置一個閏年，在 6 月 30 日和 7 月 1 日之間再增加一天，稱為「閏年日」，這兩天都不計入月份和星期的計算。

另一方面，十三月世界曆的規則如下：一年分為 13 個月，每月有 28 天，正好是四個星期，每月的第一天為星期日，最後一天為星期六；全年共有 52 個星期，總共 364 天，第 365 天放在第 13 個月的末尾，而在閏年時再增加一天，放在 6 月的末尾，這兩天都不計入月份和星期的計算；閏年的判斷是能被 4 整除的年份為閏年，而不能被 128 整除的年份則視為平年。

這兩種曆法各有利弊。在結構上，十三月曆比起十二月曆更加均勻和一致，避免了同一星期跨越兩個月份的情況。然而，缺點是 13 不能被 4 整除，這使得劃分四季變得不太方便。在西方國家，13 又被認為是一個不吉利的數字，所以西方人更傾向於接受十二月世界曆。然而，無論是十二月世界曆還是十三月世界曆，它們都存在一兩個空日，使得星期的連續性中斷。這一點遭到了一些宗教團體的反對，因此在聯合國社會事務委員會討論改曆問題時，這些方案均被否決。

在 2006 年，世界曆協會發起了「世界曆 2012 年啟用運動」，希望在 2012 年開始實施世界曆，並在網上招募自願參與者。然而，該方案最終並未實現，目前世界上仍然沒有一個廣泛接受並實施的全球曆法。

第四章

⌄

觀星與西方天文學家

⌄

宇宙沒義務要讓你覺有道理。然而現在的我們卻不能不重視宇宙的現象，縮小的來說，不能不重視科學的態度。

　　-- 泰森（Neil deGrasse Tyson），美國天文物理學博士

史前天文學

　　史前天文學是人類最早期的天文學，它源於人們對天空中現象的觀察和解釋。當人們抬頭仰望星空時，對於這些神秘的景象，類似於史前人類的洞穴居民可能在洞穴壁上刻畫下他們的觀察。回想起《太空漫遊》這部電影中的經典場景，原始時代的人類角色 Moonwatcher 凝視著天空，對所見景象產生思考。

　　今天的科學家們仍在探索宇宙中可能存在的異次元生物或平行時空，就像史前人類試圖通過觀察天象來理解宇宙一樣。根據早期人類對天空的印象，大多數都是日食、彗星和超新星等現象。其中一個最早的天文觀測記錄是來自北歐的 Nebra 天空盤，約可追溯到西元前 1600 年左右。這個 30 厘米的青銅圓盤描繪了太陽、新月和星星（包括 Pueblo 宿星團），它可能是一個宗教符號，也可能是一個原始的天文儀器或日曆。

　　在西半球，對於恆星和行星運動的基本理解也在逐漸發展。舉例來說，美國原住民文化大約在同一時期留下了天文現象的岩畫或壁畫，其中最早的例子之一可以追溯到西元 1006 年，描繪了超新星形成的蟹狀星雲。

　　從約兩萬年前到最早的文明時期，人類開始組織起來，發展了我們現在所稱的文化。對於永恆天空的感知引發了文化的發展，人們開始以文化統一的方式發展敘事故事，這就是我們現在所稱的神話。

　　最早試圖解釋如何利用天空的人們，對於某些文化來說，他們成為祭司、女祭司和其他「精英」的角色，他們研究天體運動、確定儀式、慶祝活動和農作種植週期。由於他們能夠觀察並預測天體事件，這些人在他們的社會中擁有強大的權力。這是因為對於大多數人來說，天空仍然是一個謎，因此在許多情況下，他們的文化將神靈置於天空中，視任何能夠解讀天空和神聖奧秘的人為重要。儘管他們的觀察並非完全科學，但在當時，這些觀察在儀式上非常有用。

　　在某些文明中，人們相信天體及其運動能夠「預測」未來。這種信念

促使占星術的興起，因為對於大多數人來說，「預測」未來的娛樂價值高於科學價值。此外，這種信念也代表著人們相信天空掌握著地上存在的權力，這成為偽科學占星術的起源，試圖通過占星術來理解、預測和影響事件。

　　大多數神話都包含超自然的元素，涉及神靈、神聖和半神聖的角色，但在敘事中通常存在內在的邏輯一致性。例如，神話經常試圖以理性的方式解釋日常生活中的事件，它們的目的是教導，即使我們現在認為某些故事是荒謬的，但從某種意義上來說，它們是我們最早的科學理論。神話通常也與特定的宗教有關，因此它們呈現了科學與宗教緊密結合的特點。

　　最早的歷史書面記錄來自於巴比倫人，他們在約西元前 1600 年時進行了天文觀測的記錄，紀錄了行星的位置、日食的時間等。其他早期文明，如中國、中美洲和北歐，也對天文觀測表現出相似的興趣。例如，像巨石陣這樣的文化所擁有大型的天文計算機，用於計算行星和太陽的位置。因此，天文學成為了人類記錄觀測的第一個科學。

　　隨著時間的推移，天文學得到了更多的發展。古代文明如埃及、希臘和印度也有自己獨特的天文學傳統。埃及人建造了宏偉的金字塔和神廟，並將它們與天空中的恆星和行星相關聯。希臘的天文學家如托勒密（Ptolemy）和希帕恰斯（Hipparkhos）提出了各自的天體運動模型，對天體運動進行了更深入的觀察和解釋。而印度的古代天文學家則發展了複雜的天文數學和預測方法。

　　史前天文學不僅僅是對天體運動的觀察，還包括了對天象的解釋和意義的探索。許多古代文明將天體視為神聖的存在，並將天文現象與宗教信仰和神話故事相結合。他們相信天體的運動和變化與神靈的力量和命運息息相關。因此，史前天文學在某種程度上也與宗教和神話密切相關，它們將宇宙視為超自然力量和神靈的所在。

古代巴比倫

　　古巴比倫位於兩河文明的中心，是一個重要的城市和文明中心，應用觀測和數學統計方式，發展了完整而且精准的陰陽曆。

　　古巴比倫位於兩河文明的中心，是一個重要的城市和文明中心，應用觀測和數學統計方式，發展了完整精准且獨具特色的陰陽曆。在時間計算上上更引進了 24 小時及 60 進位法，建構起完善的時間曆法系統。60 進位制的系統優點不僅止於時間應用，更是幾何數學的好搭檔，其可將圓圈劃分為 360 度，也是接近一年的天數 365 天。除此之外，360 可以被許多數字整除，如 2、3、4、5、6、8、9、10、12、15、18、20、24、30、36、40、45、60、72、90、120 和 180，而不需要使用分數。這種 60 進制的位值制度對後來的希臘人和歐洲人產生了深遠的影響，並在 16 世紀被引入數學計算和天文學計算中。至今，60 進制仍然在角度、時間等記錄上被廣泛應用。

　　除了數值天文學的高度發展，古巴比倫人也對宇宙觀及人類所生存的天地提出了具體的描述。他們認為天地為一球體或半球體的外形，以半球體來說，人類所在的陸地（即是地球）位於平坦剖面的中央，由許多柱子字底下撐起，陸地四周由大海環繞。半球體的天空分為三層，第一層為日月星辰，第二層為流動於天空的水，最外層則為天外天，在古希臘人的世界觀中，這裡存在的火元素。

　　此外，古巴比倫人對黃道十二星座的觀測也產生了影響。他們最早將太陽在黃道上的位置分為 12 個部分，每個部分對應一個星座，並賦予了這些星座生動的生物形象。他們將這些星座與太陽的運行融合在一起，形成了黃道十二星座的概念。這一概念後來被古埃及、希伯來、古希臘和羅馬等文明所學習和採用，並流傳至今。

　　在星座與曆法的搭配上，每年的第一個月始於太陽駐留在白羊宮的時段，即公曆的 3 月 21 日至 4 月 20 日。其他月份依次類推，每個月都與特

定的黃道星座相關聯。古巴比倫人對這些星座有著自己的稱呼和傳說，並將它們融入到他們的文化和宗教信仰中。

　　古巴比倫出色的觀測和記錄，使他們能夠區分恆星和五大行星，並觀察到黃道。巴比倫人在數學方面也非常優秀，他們利用乘法表、倒數表、平方表、立方表等數表來實現高度的計算。

　　巴比倫的曆法制度和數學成就為古代巴比倫人在天文學和數學領域的發展做出了重要貢獻。他們的觀測、計算和記錄方法奠定了天文學和數學的基礎，並對後世的科學和文化產生了深遠的影響。古巴比倫人在天文學和數學方面的成就使他們成為古代世界最早的天文學家和數學家之一。

希臘人引領潮流

　　古希臘人在天文學的發展中扮演了關鍵角色，他們繼承了巴比倫人的天文記錄並應用這些數據建立了一個宇宙學框架。西元前 3100 年，古希臘人在邁諾斯文明（Minoan civilization，1900~1450 B.C.）和邁錫尼文明（Mycenae，2000~1100 B.C.）已開始有天文觀測的歷史紀錄，歷經西元前 1100 年至 750 年的黑暗時期，在約西元前 500 年左右，希臘古風時期的古典希臘時代迎來了天文學的高光時刻，希臘自然哲學家開始以觀測和理論的方式探索天空，發展出愛奧尼亞、畢達哥拉斯、柏拉圖及亞里山大等學派，大幅度地推動了西方天文學的發展。

　　愛奧尼亞學派主要以哲學的方法來探討宇宙觀，是利用幾何與數學來觀測天文的先驅，開創西方唯物論哲學，其代表人物有泰勒斯（624~547 B.C.）、阿那克西曼德（610~545 B.C.）及阿那克西米尼（585~528 B.C.）。泰勒斯是希臘科學和哲學的鼻祖，是愛奧尼亞學派（Ionian school）的創始人，位列古希臘七賢之一。他在數學、哲學和天文科學等方面都取得傑出的成果，現今幾何數學中的「泰勒斯定理」便是由他所提出，也由於他對於三角幾何的研究，更提出當一個人在某時間的影長等於身高時，此時去

測量金字塔的影長，就可以獲得金字塔的高度；泰勒斯更主張宇宙萬物是由水構成，他將數學和巴比倫的天文數據結合起來，使他能夠預測日食的發生。在他的宇宙觀中，地球為半球形，陸地為漂浮於水面上的圓盤，球型蒼穹籠罩大地。

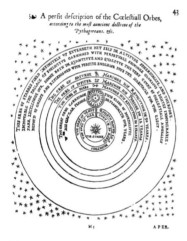

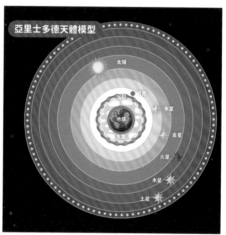

赫拉克利德斯‧彭提烏斯地心太陽系模型　　柏拉圖／歐多克斯／亞里士多德天體模型

　　在愛奧尼亞學派之後，畢達哥拉斯學派隨之而起，主張透過尋求抽象概念，發展西方唯心，代表人物有畢達哥拉斯（570~495 B.C.）、德謨克利特（460~370 B.C.）、菲洛勞斯（480~385 B.C.）。畢達哥拉斯不僅發展了著名的數學理論「畢氏定理」，他在純粹的美學理由下提出了地球是球形的觀點，也透過對月球的觀測發現，月球也是圓形的。在畢達哥拉斯學派中提出了宇宙是一個有序的系統，地球太陽、月亮、五大行星及恆星都在系統中運轉，運動軌道為圓形。菲洛勞斯是最早提出地動說的哲學家，認為宇宙的中心是一團火，地球繞著火運動，此觀點與日心說十分相似，影響之後的阿里斯塔克及哥白尼。

　　在望遠鏡發明之前的時代，古人的天空只有七個物體，太陽和月亮，以及五個行星，包含水星、金星、火星、木星和土星。很明顯，行星不在同一層天球上，因為月亮經過太陽前面，水星和金星也可以被觀察到經過太陽，而太陽則在火星、木星和土星前面經過。柏拉圖學派的宇宙觀即建立在同心球模型概念上，首先提出行星遵循繞著地球的完美圓軌道，定義點、線、面、體，代表人物有柏拉圖（427~347 B.C.）、歐多克斯（400~347 B.C.）、亞里士多德（384~322 B.C.）。

　　柏拉圖學派的哲學家認為天空實際上是一個巨大的水晶碗，覆蓋在地球上方，而宇宙是有限的球體，結構有如一個洋蔥，地球位於宇宙中心，太陽、月亮和行星在每層不同的球殼上，這些球殼以不同的速度旋轉。在這個概念下，最多曾以 47 層同心球結構來表示地球及其他星體的宇宙模型。此外，亞里士多德觀察到地球陰影的彎曲輪廓，這促使他提出地球是球形的觀點。他還指出，所有的重量會朝著中心自然形成一個球形，儘管當時他還未使用「地心引力」這個詞。這個觀點在今天被認為是由於重力導致地球傾向於成為球形，儘管當時對於重力的理解還不完善。後來，赫拉克利德斯·彭提烏斯（Heraclides Ponticus，390~310 B.C.）發展了第一個太陽系模型，將行星從地球上按順序排列，它現在被稱為「地心太陽系模型」，是地心說與日心說的開始。

　　儘管這個地心球形宇宙觀在一定程度上有助於古代人對未知宇宙的理解，但它並未能準確追蹤地球表面所觀測到的行星、月球或恆星的運動。然而，這個模型經過一些改進後，仍然在接下來的六百年中成為主要的科學觀點。希臘天文學發展集大成在亞里山大學派，所建立的地心體系影響歐洲 13 個世紀之久，代表人物有埃拉托斯特尼（276~194 B.C.）、阿里斯塔克斯（310~230 B.C.）、阿波羅尼士（262~190 B.C.）、希帕恰斯（190~125 B.C.）

地理之父 -- 埃拉托斯特尼

埃拉托斯特尼是古希臘的一位重要學者，他在地理和天文學領域做出了傑出的貢獻。他使用球形地球模型和一些簡單的幾何形狀來計算地球的周長。

埃拉托斯特尼注意到在埃及的亞斯文城，夏至日（一年中白天最長的日子）的正午時分，太陽正好在天頂位置，這時地上的棍子不會產生陰影，也就是說棍子和太陽的光線是平行的。與此同時，在北方的亞歷山大港，地上的一根棍子會以 7 度的角度產生陰影。埃拉托斯特尼意識到完整圓（360 度）與 7 度的比率等於地球周長與從亞歷山大到亞斯文的距離的比率。

他進一步調查了這兩個城市之間的實際距離，大約是 5000 視距（stadia，一種古希臘的長度單位）。這相當於約 784 公里。根據這些數據，他計算出地球的周長為 40320 公里，這非常接近現代所知的 40030 公里。通過這一計算，埃拉托斯特尼成為地理學之父，並且他繪製了已知的第一張世界地圖。此外，他還設計了經緯度系統，可以用來測量地球的直徑。

埃拉托斯特尼的工作在地理學的發展中起了重要的作用，他的貢獻使人們對地球的形狀和大小有了更準確的理解。他的地圖和經緯度系統奠定了地理學的基礎，並影響了後世的地理學家和航海家。埃拉托斯特尼的成就使他成為地理學和天文學領域的先驅之一。

希臘的哥白尼 -- 阿里斯塔克斯

阿里斯塔克斯（Aristarchus，Ca. 310~230 B.C.）是希臘的一位天文學家，他是第一個提出太陽中心宇宙學的人。阿里斯塔克斯相信恆星非常遙遠，因此它們的視差很小，肉眼無法觀測到。相較之下，太陽就像一顆固定的恆星，它位於中心的球體上並且保持靜止。他認為日食可以通過月球在地

球周圍運行來解釋。因此，阿里斯塔克斯是史上有記載，首位創立日心說的天文學家，也被稱為「希臘的哥白尼」。

然而，阿里斯塔克斯的觀點在當時並未獲得廣泛理解，並被亞里士多德和托勒密等其他學者的觀點所掩蓋。一直到大約 1800 年後，哥白尼才更好地發展並完善日心說理論，使得這個概念得到廣泛接受。

阿里斯塔克斯的貢獻在後來的天文學發展中得到驗證和重視。他的日心說對於理解宇宙結構和行星運動的基本原理具有重要意義。他的理論成果為後來哥白尼和其他天文學家的研究提供了基礎，對日心說的發展起到了推動作用。阿里斯塔克斯的觀點為後世天文學家提供了一個思考宇宙結構的新視角。為天文學開啟了一個重要的篇章，使其成為了天文學史上的重要人物之一。

希帕恰斯與第一張星表

在遠古時代，人們只觀察到七個天體，包括太陽、月亮和五個行星：水星、金星、火星、木星和土星。顯然，行星的運動並不在天球上，因為月亮明顯在太陽前經過，水星和金星也可被觀察到在太陽前經過，而火星、木星和土星也在太陽前經過。柏拉圖首次提出行星遵循繞地球的完美圓軌道的理論。隨後，赫拉克利德斯‧彭提烏斯（330 B.C.）發展出了第一個太陽系模型，將行星按照次序排列在地球周圍，這被稱為地心太陽系模型，也因它開始了地心說與日心說的爭議。

然而，這些理論直到喜帕恰斯（Hipparchus，160~125 B.C.）的出現才獲得進一步的發展。喜帕恰斯通過精確觀測天體的位置並與古老的星圖進行比較，使他能夠相當準確地預測任何一天太陽和月亮的位置，此外他還發現了歲差的現象。他編制了一個包含 1025 顆星的星表，其中包括了第一個星等目錄，並記錄了星座的名稱。

天文學是三角學進步的驅動力，三角學的大部分早期進展都集中在球

面三角學上，主要是因為它在天文學中的應用。我們所知道的希臘三角學發展的三個主要人物是希帕恰斯、墨涅拉俄斯和托勒密。可能還有其他貢獻者，但隨著時間的推移，他們的作品已經丟失，他們的名字也被遺忘。即使他沒有發明三角學，喜帕恰斯也是我們有文獻證據的系統使用三角學的第一人。

希帕恰斯的星表是古代天文學中的重要成就之一。他的觀測記錄為後來的天文學家提供了重要的參考資料，對於理解星體運動和星座形成具有重要意義。他的工作不僅推動了天文觀測技術的發展，還為後世的天文學家奠定了基礎。喜帕恰斯的貢獻使他成為古代天文學的先驅之一，他的星表更是天文學史上的重要里程碑。

天文學的托勒密革命

在西元 2 世紀，埃及的羅馬天文學家托勒密（Ptolemy，140）是古典時代晚期的幾何學家和天文學家，他的作品對往後幾個世紀具有深遠的影響。

托勒密在地心模型中引入自己的概念：行星在完美的圓軌道上運動，由一個被稱為「某物」的物體所構成，這些物體附著在那些完美的球體上。所有這些物體都繞著地球旋轉，他將這些小圓軌道稱為「本輪」（epicenter），這是一個重要的假設。儘管這是錯誤的，但他的理論至少能夠很好地預測行星的運動軌跡。

托勒密在天文學上寫下了著名的《大綜合論》（Megale Sysntaxis），提出了地心學說：他使用了周轉圓理論（包括本輪和均輪）來解釋行星的逆行運動，並認為宇宙中的所有天體都圍繞地球以完美的圓形軌道運行。托勒密的學說和宇宙模型在西方天文學思維中主導了近 1500 年的時間，在十四世紀仍然是解釋行星運動的首選！

然而，在托勒密之後，希臘文化進入了一個黑暗時期，天文學也陷入

了停滯期（150~1500）：羅馬帝國衰落，人們放棄了希臘的知識傳統，服從於古人的權威，並接受聖經中的宇宙觀。天文學和其他科學的發展受到了阻礙，加上宗教戰爭和阿拉伯人的入侵，更加削弱了希臘文化在東方的幾個中心，許多無價的手稿也被毀壞。從那時起，科學進入了一個黑暗時期。

地心模型

　　克勞迪烏斯・托勒密（Claudius Ptole-my）的地心模型，是西元 140 年在他的著作《天文學大成》中詳細介紹的。根據這個模型，地球位於宇宙的中心，靜止不動，既不自轉也不公轉。模型的核心是一系列嵌套的天球，其中最外層的透明恆星天球每天從東向西運行一周，攜帶著其他天球一同運行。

克勞迪烏斯・托勒密

　　為了解釋季節的變化、行星的逆行和亮度的變化，托勒密引入了幾個數學概念。他設置了「本輪」和「均輪」，以及一個稱為「偏心圓」的概念。本輪代表行星在其運行軌道上的表面運動，而均輪則代表行星運行的平均速度。此外，他還引入了一個稱為「勻速點」的概念，用於解釋行星在其軌道上的不規則運動。

　　然而，由於當時人們尚未認識到行星運行的橢圓軌跡以及行星的非勻速運動，托勒密的地心模型在設計上變得非常複雜。本輪、均輪、偏心圓和勻速點的引入過於繁瑣，並且不符合實際觀測。這也是為什麼哥白尼的日心模型在簡化和改進托勒密模型方面起到了重要的作用。

同心球模型

　　事實上在托勒密之前，古希臘天文學發展史中曾有一個持續相當久遠
的天體模型概念。古希臘數學家和天文學家歐多克索斯（Eudoxus of Cnidus）
對柏拉圖的問題進行了研究，並提出一個同心球模型來解釋世界觀，這個
概念影響往後許多古希臘的天文學家，隨著天文觀測發展層層堆疊，最多
時曾使用多達 47 層的同心球殼來表示天體宇宙，可說相當複雜。。在同心
球的概念中，地球作為中心，將太陽、月亮和行星都放在以地球為中心的
球體上，並認為它們的距離不會改變。然而，這個模型存在一些問題，無
法解釋季節的變化和行星亮度的變化。

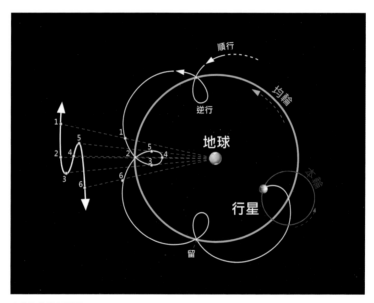

本輪均輪幾何模型

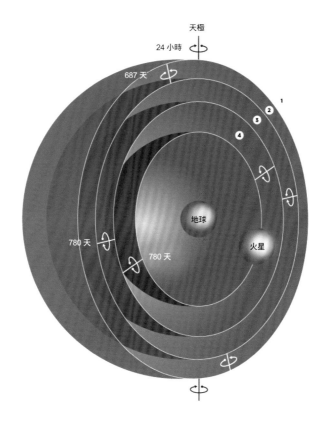

同心球模型

　　歐多克索斯的同心球模型未能解釋冬夏季節長短的差異以及行星亮度的變化。人們早就注意到冬季和夏季的長度不同，並且觀察到行星的亮度會有明顯的變化，例如火星的順行轉為逆行或逆行轉為順行時的現象，稱為「留」。此外，對於土星、水星、金星和火星的運行，同心球模型也無法提供令人滿意的解釋。亞里士多德後來嘗試改進這個模型，因此同心球模型更多地與亞里士多德聯繫在一起。

　　儘管同心球模型無實物流傳，但它代表了人類建立的第一個天體運行數學模型，對現代科學的發展具有重要意義。有人將歐多克索斯稱為古希

臘時代的牛頓，他的模型為後世的天文學家提供了重要的啟發。然而，這個模型很快被更為精確的托勒密地心模型所取代。

哥白尼革命

在 16 世紀，波蘭天文學家尼古拉斯·哥白尼（Nicolaus Copernicus，1473~1543）對托勒密模型的瑣碎和不準確感到厭倦，開始研究自己的理論。他認為必須有一種更好的方法來解釋天空中行星和月亮的運動。他推測太陽位於宇宙的中心，地球和其他行星圍繞著它旋轉。這一觀點看起來簡單且合乎邏輯。

自西元前 300 年以來，很少有受過教育的人懷疑地球是一個球體，儘管一些早期的基督教思想家曾試圖質疑這一點。因此，哥白尼的想法必然與神聖羅馬教會的觀點發生衝突，同時也違反了托勒密理論的「完美性」。事實上，他的觀點為他帶來了麻煩。在教會看來，人類和地球一直被視為宇宙的中心。由於教會已經壟斷了所有知識的權力，當哥白尼試圖削弱地球的地位，這一觀點就變得不可接受。也許教會害怕的不僅僅是人類在宇

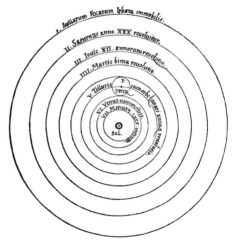

哥白尼的著作《天體運行論》

宙中的地位被貶低，隨著哥白尼的理論，人們對宇宙的深刻理解正在發生變化。

在地心模型中，宇宙被認為是有限的，因此可以每 24 小時旋轉一次。哥白尼則以太陽為中心，將地球視為另一個繞著太陽運行的行星，這使得對太陽系中行星運行的分析和預測更加簡單。因此，他在 1512 年提出了哥白尼理論：太陽是太陽系的中心，行星繞著太陽運行，月球繞著地球運行，恆星則位於無法測量的遙遠位置，這就是日心學說。

雖然哥白尼的宇宙模型仍然是不正確的，但它在天文觀測中做出了三個重大貢獻。它解釋了行星的前進和逆行運動。它推翻了地球作為宇宙中心的觀點。而且，它擴大了人們對宇宙規模的理解。

哥白尼日心模型

哥白尼日心模型是對托勒密地心模型的一項重要改進。哥白尼（Nicolaus Copernicus）認為地球並非宇宙的中心，而是繞著太陽公轉，並且太陽位於宇宙的中心。根據他的觀察和推論，地球的自轉是引起日夜變化的原因，而不是恆星和行星運動的結果。

根據哥白尼的觀點，地球和其他行星繞著太陽公轉，形成了行星的運動軌道。他認為太陽是宇宙的中心，而行星則繞著太陽運行。這一模型能夠解釋行星的逆行運動，以及行星亮度的變化。此外，哥白尼還提出了地球自轉的觀念，這解釋了我們觀測到的日出和日落。

他的著作《天體運行論》中，詳細介紹了他的天體運行模型以及相關的技術細節。包括：

地球自轉：地球每日自西向東旋轉一周。這一觀點解釋了日出和日落的現
　　　　　象，以及日夜的變化。

日心模型：哥白尼主張太陽是宇宙的中心，地球以及其他行星繞著太陽公
　　　　　轉。他認為行星的不規則運動可以通過假設行星繞太陽的橢圓

軌道運行來解釋。

行星運動：哥白尼的模型中，行星繞著太陽在橢圓軌道上運行，並且在不
　　　　　　同時間具有不同的速度。他引入了一個稱為「均輪」的概念，
　　　　　　以解釋行星的速度變化。

恆星運動：在哥白尼的模型中，恆星被認為是遠離地球非常遙遠的物體，
　　　　　　它們在觀測上看起來是靜止的。恆星天球並不運動，而是地球
　　　　　　的自轉導致了恆星在觀測上的移動。

仙后座中新星與第谷的半地心模型

　　第谷布拉赫（Tycho Brahe，1546~1601）是天文學的第一位真正的觀察
者。他建造了丹麥天文台，使用六分儀，他在開發天文儀器以及測量和固
定恆星位置方面的工作為未來的發現鋪平了道路。他的觀測結果是望遠鏡
發明之前最準確的觀測結果，包括對太陽系的全面研究以及超過 777 顆恆
星的準確位置。

　　1572 年 11 月 11 日，第谷布拉赫注意到仙后座中一顆比金星更亮的新
恆星。這顆新星在天空中的亮度超過了所有其他固定恆星，引起了第谷布
拉赫的興趣。第谷布拉赫使用他的六
分儀對這顆新星進行了仔細觀察，並
成功確定它的位置。他證明這顆新星
位於月球之外，屬於恆星的範圍。這
一發現對當時的知識界產生了巨大的
衝擊。根據亞里士多德的學說，宇宙
是永恆和不變的，而且固定恆星的亮
度不應該有所改變。然而，新星的出
現顯示了宇宙的動態和不穩定性。

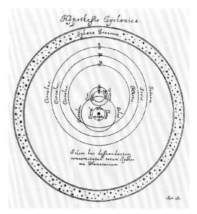

半地心模型

　　第谷布拉赫的發現與哥白尼的理論相互呼應，共同挑戰了古代天文學的觀念。這導致了第谷布拉赫對天文學的更深入研究，並最終促使他發展出他自己的「半地心模型」，該模型介於地心模型和日心模型之間。

　　第谷布拉赫的半地心模型是基於他的觀測結果和對當時主流理論的批判而建立的。他的觀測表明，恆星在觀測期間沒有呈現出年視差，這意味著恆星與地球之間的距離相對較遠。根據哥白尼的日心模型，如果地球圍繞太陽運行，恆星應該表現出周年視差。這個觀察結果使第谷對哥白尼的模型提出質疑，並尋求一個新的解釋。

　　基於他的觀測結果，第谷提出了半地心模型，即地球靜止於宇宙中心，既不自轉也不公轉。在這個模型中，天球、太陽、月亮和行星每日從東到西圍繞地球運行一周，這解釋了恆星的固定性。同時，月球和太陽圍繞地球運行，而其他行星則圍繞太陽運行。這一模型保留了地球在宇宙中的特殊地位，同時解釋了恆星觀測結果和其他天體的運行。

　　第谷布拉赫的半地心模型雖然不同於哥白尼的日心模型，但它在當時的天文學界引起了廣泛的興趣和討論。該模型提供了一個新的觀點，挑戰了當時的主流理論，並促使了對宇宙結構和天體運行的進一步研究。儘管半地心模型最終被日心模型所取代，但第谷布拉赫的觀測精度為後來的天文學做出了重要貢獻。

克卜勒與克卜勒三大定律

　　約翰・克卜勒（Johannes Kepler，1571~1630）是一位德國傑出的數學家和天文學家，他發現地球和行星以橢圓軌道繞太陽運行，並分析出行星運動的三個基本定律。他還在光學和幾何方面做出了重要的工作，這些貢獻使我們對太陽系和宇宙的運行規律有了更深入的理解。

　　克卜勒在大學期間遇見了一位深深影響他一生的教授，這位教授引導他認識了哥白尼學說，使他成為哥白尼學說的信徒。1599 年，丹麥著名的

天文學家第谷布拉赫邀請克卜勒擔任他的助手，並前往布拉格。隔年，克
卜勒在布拉格定居，不久之後布拉赫去世。克卜勒接手了布拉赫花了二十
年時間仔細觀測的記錄，並成為魯道夫二世的專職天文學家。

　　受到哥白尼學說的啟發，克卜勒相信太陽是宇宙的中心。起初，他和
其他人一樣，假設火星的軌道是圓形，將太陽放在稍微偏離中心的位置進
行計算。然而，計算結果與實際觀測不符。儘管只有微小的差異，僅僅八
分之一，他仍然認為計算不正確並持續修正。此時，克卜勒面臨到與托勒
密和哥白尼共同的難題，也就是如何描述行星不規則的運行。托勒密提出
了偏心圓和勻速點的概念來描述這種不規則運行，而哥白尼則採用了引入
更多的「本輪」概念，但均無功而返。

　　經過六年不斷的研究，克卜勒大膽棄用了圓形軌道的概念，拋棄柏拉
圖對於行星以均速圓周運動的論點，受到第谷無與倫比的觀測精度的幫助
（第谷觀測天體位置的精度誤差僅為 1/15 度），他發現行星的軌道實際上

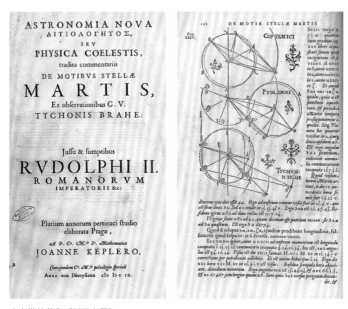

克卜勒的著作《新天文學》

是橢圓形的，行星在橢圓軌道上的運行速度並非均勻的，而且行星的運行速度與其與太陽的距離有關。這個描述橢圓軌道的規律後來被稱為「克卜勒的第一定律」。為了完成他的著作《和諧的世界》，他移居奧地利的林茲專心投入研究和寫作。

　　克卜勒觀察到行星在運行過程中與太陽的連線所掃過的面積在相同時間內是相等的。這一發現意味著行星在遠離太陽的位置運行較緩慢，而在靠近太陽的位置運行較迅速，建立了克卜勒的第二定律（面積相等定律）。最後，他更提出了「行星公轉的週期的平方與離太陽的平均距離的立方成正比」，這個被稱為「克卜勒太陽系模型的第三定律」的法則據說是他最為滿意的成果。克卜勒的三大定律提供了太陽系行星運行週期和軌道大小的定量關係，對於日後牛頓的引力定律和開展現代天文學研究具有重要意義。

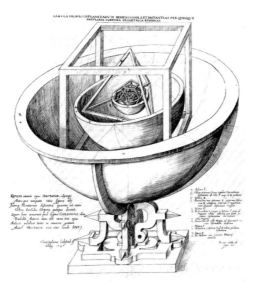

克卜勒模型

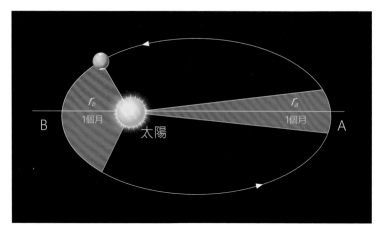

克卜勒定律

布魯諾「宇宙是無限大的」

焦爾達諾‧布魯諾（Giordano Bruno，1548~1600）是文藝復興時期義大利的天主教道明會修士，同時也是一位哲學家和宇宙學家。他對宇宙的觀點超越了當時的主流觀念，並因其持有的宇宙論而引起爭議。

布魯諾支持哥白尼的「日心說」，認為太陽是宇宙的中心，所有行星都以等速繞著太陽運轉。不僅如此，他進一步提出，所有的星星其實都是距離我們非常遙遠的「太陽」，每個「太陽」都有各自的行星系統環繞著，並且這些行星很可能擁有類似地球的生物圈，甚至可能有所謂的「外星人」居住其中。他在著作《論無限、宇宙和諸世界》中提出了宇宙無限的概念，認為宇宙是統一、物質、無限和永恆的，太陽系只是眾多無數天體世界的其中一部分。

然而，布魯諾的思想對當時的宗教當局來說是嚴重挑戰，他質疑了整個基督教的價值觀，並對基督教的真實性提出了懷疑。因此，他被視為異端並於 1592 年被捕入獄，遭受長達八年的囚禁。儘管如此，布魯諾始終堅

持自己的思想，最終在 1600 年 2 月 17 日被羅馬的宗教裁判所定罪並處以火刑。

布魯諾的宇宙觀念雖然在當時遭到了廣泛譴責和迫害，但他的思想及提出的宇宙無限性和多行星系統的觀點，對後來的科學研究提供了啟示，他被視為現代天文學和科學的先驅之一，代表了自由思想和新興科學歷史中的重要里程碑。

星球的使者伽利略

伽利略（Galileo Galilei，1564~1642）是一位天文學家，他摒棄了托勒密的理論，支持哥白尼的學說，並通過使用自己製造的天文望遠鏡進行了實證。

在 1608 年，伽利略得知了荷蘭眼鏡師漢斯・李波爾發明的望遠鏡能夠放大遠處物體的影像，便覺得這種類型的工具可以用來觀測星象。於是他開始對望遠鏡進行改良，最終製造出第一具天文望遠鏡，從此拓寬了人們觀察天空的視野，使天文學邁入光學技術觀測的時代。更重要的是，他在望遠鏡中發現的事實推翻了地球中心說，為太陽中心說提供直接的科學證據。

在天文望遠鏡出現之前，托勒密的地心說主宰了一千多年的天文學。16 世紀時，波蘭天文學家哥白尼提出了以太陽為宇宙中心的「日心說」，他認為托勒密理論過於複雜，且在預測天體運動時不夠準確。儘管哥白尼的天體運行理論更為合理，但當時並無直接的證據能夠支持這一理論。

伽利略發明天文望遠鏡後，首先觀察到月球表面並非平滑的，而是充滿凹凸不平的坑洞和黑暗區域。這些發現對亞里斯多德認為天體是完美而神聖的觀點提出了質疑。此外，他還發現地球和月球之間存在相似之處，暗示地球也可能是一顆天體，這為哥白尼的理論提供了一線曙光。

　　之後，伽利略轉向觀察恆星，他發現它們在望遠鏡中仍然呈光點狀，但數量增多，許多以前無法用肉眼看到的恆星被不斷發現，且每顆恆星的亮度都增加了數倍。他還發現銀河是由許多恆星聚集形成的光帶。這些發現讓他推測恆星可能距離地球非常遙遠且不是均勻分布在天球上，打破了托勒密體系中的天球假設。

　　伽利略還發現地球可能是一個行星，也觀察到木星周圍有四顆繞著它旋轉的衛星，證實了不是所有天體都繞著地球運行的觀念。此外，他還發現金星像月球一樣有著圓缺循環且經常出現在太陽附近，這些現象表明金星應該是繞著太陽運行的。總而言之，伽利略透過天文望遠鏡所獲得的觀察結果，確確實實地為行星繞太陽運行的假設提供了強而有力的證據，成為哥白尼的理論最佳支持者。

　　此外，伽利略觀察太陽時發現了許多黑點，他稱之為太陽黑子。由於這些黑點在觀察過程中呈現緩慢移動，所以顯示太陽本身在自轉。太陽黑子的發現打破了亞里斯多德對天體完美無缺的觀點，同時也使人們相信地球可能也在自轉。

　　自從伽利略在 1609 年發明天文望遠鏡後，僅僅一年的時間就取得了多項前所未有的新發現，對托勒密和亞里斯多德的學說造成了重大衝擊。他將這些新發現收錄於 1610 年出版的《星球的使者》一書，向全世界宣告了這些重要的天文觀察結果，相當於在科學界投入一顆震撼彈，立即引起極大的關注和興趣。

　　1613 年，伽利略發表了一篇名為「論太陽黑子的信札」的論文，這篇論文支持了哥白尼的學說，但文中並未包含伽利略個人的意見，也沒有任何對於當時宇宙論觀點的批評。然而，這本書的出版仍使伽利略成為教會的眼中釘。

　　1632 年，伽利略發表了《世界兩大系統對話錄》一書，這部作品不僅描述了地心說和日心說的涵義，更對這兩種學說進行比較。書中同樣地並未包含伽利略的個人觀點，也未對這兩種宇宙論觀點進行批評。但是，這

本書的出版更加激起了教會的不滿。

伽利略和克卜勒透過科學實證的方法驗證了哥白尼的日心學說，並修正了軌道是圓形的說法，以橢圓形進行取代，使哥白尼的理論更加符合實際情況。之後剩下的問題就是如何解釋行星如何維持在繞太陽運行的軌道上，這一問題最終由牛頓的萬有引力定律來解釋。

至此，太陽中心說在理論上獲得了完整的詮釋，並被當時的學術界所接受。直到 18 世紀中後期，天文學家發現了恆星的光行差和視差效應，這兩種效應源於地球公轉引起的恆星視位置的週期性變化，成為地球繞日的最有力證據，使得哥白尼的日心說更加成為無可爭辯的真理。

伽利略是一位實驗物理學家，在天文學上取得了驚人的發現，為太陽中心說和地球繞日觀念提供了歷史性的證據，並為今日天文學奠定了哥白尼學說堅實的基礎。他的貢獻不僅改變了人們對宇宙的認識，也推動了科學方法在天文學和其他領域的應用。

牛頓帶來新的世界觀

艾薩克・牛頓（Sir Isaac Newton，1642~1727）是一位英國科學家、數學家和自然哲學家。他在科學革命中不但發揮了重要作用，幫助推動了物理學，天文學，數學和自然科學領域的發展，他的引力理論對天體運動提出解釋，成為之後三個世紀統治科學的遺產。

實際上，後來的幾代人使用「牛頓」來描述他們的理論所存在的知識。艾薩克・牛頓爵士被認為是科學史上最有影響力的學者之一。但究竟他發現了什麼？

牛頓的最重要的貢獻之一是他的萬有引力定律。這個定律描述了物體之間的引力相互作用，它表明兩個物體之間的引力與它們的質量成正比，與它們之間的距離的平方成反比。這個定律不僅解釋了地球上的重力，還

成功地解釋了行星運動、月球繞地運行和
彗星的軌道。牛頓的引力定律為天體運動
提供了一個統一的解釋，並使天文學家能
夠預測和計算天體運動的軌跡和行為。

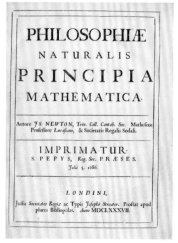

牛頓的著作《自然哲學的數學原理》

小知識 - 牛頓萬有引力

　　牛頓在天文學上的貢獻之一是他制定了萬有引力定律。根據這個定律，
每個點質量都會通過一個力吸引其他所有點質量，這個力的方向指向連接兩
個質量的直線。牛頓計算出這個引力與兩個質量的乘積成正比，與它們之間
的距離的平方成反比。該定律的數學表示如下：

　　$F = G * ((m1 * m2) / r^2)$

　　其中，F 代表兩個質量之間的引力，m1 和 m2 分別代表兩個質量，r 代
表它們之間的距離，G 則是萬有引力常數。

　　牛頓運用這個定律來解釋彗星的軌跡、潮汐、晝夜平分點的進動以及其
他天體物理現象。這一理論的成功解決了對日心說模型的最後質疑，該模型
認為太陽（而不是地球）位於行星系統的中心。牛頓的工作還表明，地球和
天體上的物體運動可以用相同的原理來描述，這為後來的研究提供了基礎。

　　牛頓另一個重要的貢獻是對光的研究。經由一系列的光學實驗，包括光的折射和反射。他提出了顆粒理論，認為光是由微小的粒子組成並以直線的方式傳播。這一理論對後來的光學研究和發展產生了深遠的影響。

　　此外，牛頓對望遠鏡的改進也對天文學做出貢獻。他設計了一種新型的反射式望遠鏡，稱為牛頓式望遠鏡。這種望遠鏡使用反射鏡而不是折射鏡，能夠消除折射造成的色差問題。牛頓式望遠鏡在天文觀測中得到廣泛應用，並促進了對遠處天體的觀察和研究。

　　牛頓的這些貢獻對天文學的發展和現代科學的興起有著深遠的影響。他的理論和發現奠定了現代天文學的基礎，並對我們對宇宙運行和結構的理解有了重大貢獻。牛頓的工作使天文學進入了一個新的時代，並激發了對宇宙奧秘的無限好奇和探索。他被譽為一位偉大的天文學家和科學家，其成就為人類對宇宙的探索和知識的擴展作出了不可磨滅的貢獻。

地球的形狀

　　牛頓的另一項貢獻是對地球形狀的預測。他提出地球可能是一個略為扁平的球體，即在極點處稍有扁平化。這一理論後來得到了 Maupertuis、La Condamine 等人的測量證實。這一發現對大多數歐洲大陸的科學家來說具有重要意義，使他們相信牛頓的力學理論優於早期的笛卡爾系統。

　　在數學方面，牛頓參與了冪級數的研究，並與 Gottfried Leibniz 共同發展了微積分。這些發現代表了數學、物理學和天文學領域的巨大進步，使我們能夠更準確地模擬宇宙的行為。

　　1727 年，牛頓去世，他被埋葬在西敏寺。西敏寺的前身是一個修道院，1579 年，英國女王伊莉莎白一世將其改建為學院，校長由英國君主任命。西敏寺的正式名稱因此改為「威斯敏斯特聖彼得學院教堂」。三個世紀後，詩人亞歷山大・波普為牛頓寫下了著名的墓誌銘："Nature and Nature's law lay hid in night；God said，'Let Newton be，'and all was light."（自然和自然的法則隱藏於黑暗中，上帝說：「讓牛頓來吧！」於是一切變為光明。）

牛頓的科學貢獻非常卓越，涉及的研究領域廣泛，並取得了開創性的成就。他被譽為近代科學的奠基人，開啟了科學發展的新紀元。作為自然科學家，牛頓是歷史上第一位獲得國葬的人。

天文學家哈雷

愛德蒙・哈雷（Edmond Halley，1656~1742）是一位少年時期就展露天才的英國天文學家，他在天文學領域有著許多重要的貢獻和成就，最著名的貢獻之一是對彗星的研究。他觀察並記錄了一顆彗星的運行軌跡，並在其研究中提出了一個重要的觀點：這顆彗星的軌道是橢圓形的，而不是之前普遍認為的直線運動。他對這顆彗星的研究成果發表在《彗星天文學概論》（Synopsis Astronomiae Cometicae）一書中，這顆彗星後來被稱為哈雷彗星。

1705 年，哈雷發現一顆曾於 1682 年出現的彗星，與出現於 1607 年及 1531 年的是同一顆。在進一步研究了這顆彗星的運行軌跡後，發現這顆彗星大約每 76 年回歸一次。他對彗星的軌道計算和預測成果，使他成為第一位成功預測彗星回歸的天文學家，為表示他對彗星研究的成就，後人將這顆彗星命名為「哈雷彗星」，而哈雷彗星的週期性回歸便成為了他的永恆紀念。

1692 年，哈雷提出了「地球空洞說」的構想，對地球的磁場和磁極運動進行了研究，記錄了地球磁場的變化，並提出了一個理論：地球內部由兩個同心殼層和核心構成，直徑分別是金星、火星和水星的大小，並存在著一個運動中的液體金屬核，導致了地球磁場的變化和磁極的運動。這一理論對後來對地球內部結構的研究產生了重大影響。

哈雷對行星運動和星等的觀測也作出了貢獻。他研究了行星的運動軌

道，並對古老的天文觀測數據作出了改進。此外，他還觀測並記錄了星等的變化，並編制發表了包含 341 顆南天恆星的詳細數據的《南天星表》，對天文學研究和導航極其重要。

哈雷的天文學事蹟在當時引起了極大的關注和重視，他的研究成果是後世天文學家重要的指導和啟示，而他的名字永遠與哈雷彗星相聯繫，並成為了天文學史上的重要人物之一。

彗星獵人梅西耶

查爾斯・梅西耶（Charles Messier）於 1730 年 6 月 26 日出生於法國巴登維爾，他對天文學的興趣開始於年輕時期，並在其職業生涯中專注於彗星的研究。他的目標是尋找和識別彗星，但在追蹤彗星的過程中，他經常發現一些固定的、看起來模糊的天體。為了避免混淆彗星和其他天體，他開始編製一個星表，將這些星雲、星團和星系進行了詳細的記錄和描述。

梅西耶於 1771 年首次發表了他的星表，後續又進行了多次修訂和擴充。他的星表被稱為《梅西耶星表》（Messier Catalog），其中收錄了一系列深空天體的詳細資訊。《梅西耶星表》收錄的天體遍布整個天球，包括各種星雲、球狀星團、散開星團和星系等。它們的性質各不相同，有些天體具有壯麗的氣象，有些則呈現出漂亮的星群結構。而每個天體都以 "M" 加上編號來進行識別，例如著名的蟹狀星雲被編號為 M1，而大麥哲倫星雲被編號為 M42。《梅西耶星表》提供了每個天體的位置、亮度、大小和其他特徵的描述，以及有關其觀測的一般信息，其編號系統成為天文學界廣泛使用的標準。

梅西耶的星表成為天文學的重要參考資料，幫助天文學家辨認這些天體，並避免將它們與彗星混淆，為後來的天文學家提供了深空天體觀測和研究的基礎。他的工作不僅豐富了人類對宇宙的認識，也對天文學的發展

做出了重大貢獻。梅西耶本人也被譽為彗星獵人，他的觀測和研究對於彗星的理解和探索起到了重要作用。

愛因斯坦相對論

在中世紀，歐洲人普遍相信地心說，認為地球是宇宙的中心，太陽、月亮和行星都繞著地球運行。然而，在文藝復興時期，哥白尼提出了日心說，主張太陽是宇宙的中心，地球和其他行星繞著太陽運行。這一理論的提出打破了傳統觀念，開啟了對宇宙結構的重新探索。布魯諾更進一步主張太陽只是銀河系中眾多恆星的一顆，顯示了對宇宙更大尺度的理解。

然而，對於宇宙的起源和運作方式，仍存在著許多問題。在一個世紀前，艾爾伯特・愛因斯坦（Albert Einstein，1879~1955）於 1905 年提出了狹義相對論，討論了等速運動系統的物理特性。他引入了光速不變性的假設，推導出了許多令人驚奇的現象，例如「時間膨脹」和「長度收縮」。這些奇特效應引起了科學界的極大關注，為理論物理學開啟了全新的篇章。

隨後的十年中，愛因斯坦將相對論的範圍擴展至加速的系統，發展了廣義相對論，用於描述重力的作用。通過時空的彎曲來解釋重力的交互作用，而愛因斯坦的廣義相對論也確實為人們對重力的理解提供了全新的框架。

愛因斯坦的相對論引起了人們對時間的重新思考。根據狹義相對論，愛因斯坦指出時間不是絕對的，而是相對的，取決於觀察者的運動狀態。這一理論提出了時間膨脹的概念，即隨著速度的增加，時間會減慢。根據愛因斯坦的時間膨脹理論，當一個物體以接近光速運動時，它的時間相對於靜止的觀察者來說會變慢，這意味著快速運動的物體的時間進行得慢，而觀察者的時間仍然是正常流動的。這種高速運動的效應在粒子加速器中得到實驗驗證。

此外，愛因斯坦的廣義相對論對重力提出了全新理解。他認為重力不是一種力量，而是由物體扭曲時空結構所引起的。根據這一理論，物體在重力場中運動時會沿著彎曲的時空軌跡移動。這解釋了為什麼行星圍繞太陽運行以及為什麼光線在重力場中彎曲。

愛因斯坦的相對論引起了廣泛的研究和應用。它不僅對物理學和天文學產生了深遠影響，還在現代科學的許多領域有著實際應用。例如相對論的原理已被用於衛星導航系統、全球定位系統（GPS）以及其他精確測量和時間校準的應用中。

愛因斯坦的相對論提出的全新宇宙觀，改變了我們對時間、空間和重力的認識。也為我們解釋宇宙的運作方式留下了重要的指引。

1990 年代與哈伯太空望遠鏡

在 1990 年代，現代天文學取得了許多重大的里程碑。其中一些重要的事件和發現包括：哈伯太空望遠鏡的發射：哈伯太空望遠鏡於 1990 年發射升空，成為第一個能在地球軌道上進行長期觀測的太空望遠鏡。它的觀測結果革命性地改變了我們對宇宙的認識。

宇宙微波背景輻射的發現：1992 年，科學家利用 COBE 衛星（Cosmic Background Explorer）觀測到宇宙微波背景輻射的微小溫度差異，這是宇宙大爆炸後殘留下來的輻射，為宇宙大爆炸理論提供了強有力的證據。

遙遠星系的觀測：在 1995 年，哈伯太空望遠鏡的觀測揭示了遙遠星系的存在和特性。這些觀測結果支持了宇宙膨脹的概念，並使天文學家更深入地研究宇宙的演化和結構。

第一顆太陽系外行星的發現：1995 年，天文學家米歇爾·邁耶和席戈·馬約爾宣布發現了第一顆環繞恆星運行的太陽系外行星，這是對太陽系外行星存在的首次直接觀測證據。

高能天體物理學的突破：1991 年，科學家利用 NASA 的 Compton Gamma Ray Observatory 衛星觀測到了高能伽馬射線爆發（Gamma-ray Burst，GRB）的現象，這一發現促使了科學家對這些高能天體現象的更深入研究。

高解析度的星系圖像：隨著哈伯太空望遠鏡的運行，天文學家們獲得了高解析度的星系圖像，揭示了星系中的細節結構、星際物質的分佈以及恆星形成區域等重要信息。

哈伯太空望遠鏡的發現不僅帶來了令人驚嘆的影像，更重要的是它提供了大量關於宇宙的重要資訊。由於位於地球軌道上，哈伯望遠鏡不受大氣干擾和光污染的影響，能夠以極高的解析度和靈敏度觀測宇宙中的天體和現象。

哈伯望遠鏡的發現對宇宙學、星系演化、恆星生命週期、行星形成等領域有了深刻的影響。它的高解析度影像揭示了遠方星系和星團的詳細結構，幫助天文學家研究宇宙的演化過程。哈伯望遠鏡的觀測結果支持了宇宙大爆炸理論，揭示了宇宙的年齡、構造和膨脹速度等重要參數。

此外，哈伯望遠鏡的觀測還揭示了許多宇宙中的奇特現象，如黑洞、螺旋星系、行星狀星雲等。這些發現對於瞭解宇宙中的極端條件、星系的演化和行星系統的形成過程都具有重要意義。

哈伯望遠鏡的眾多發現推動了天文學的發展，並啟發了更多的研究和探索。它不僅成為了天文學家的工具，也成為了大眾所熟知和喜愛的天文學象徵。哈伯太空望遠鏡的成功鼓舞了人們對於探索宇宙奧秘的熱情，並為未來的太空觀測任務奠定了基礎。

斯蒂芬霍金

斯蒂芬・威廉・霍金（Stephen William Hawking，1942~2018）是一位英國的理論物理學家、宇宙學家和作家。他被廣泛認為是現代科學界最偉大

的思想家之一，以其對黑洞、時間、宇宙學、量子力學和廣義相對論的研究而聞名於世，並提出了許多創新的理論和概念。霍金的生命故事也非常令人敬佩。他在年輕時被診斷出患有肌肉萎縮性側索硬化症（ALS），這導致他逐漸喪失肌肉控制和語言能力。然而，他並沒有讓這種疾病阻礙他的研究和成就，他以優秀的智力和堅強的意志力繼續工作，並在輪椅上進行科學研究。

黑洞輻射理論：霍金最著名的成就之一是他提出了黑洞輻射理論，稱為「霍金輻射」。根據他的理論，黑洞不僅吸引物質和光線，還會釋放出稱為「霍金輻射」的粒子，進一步減少其質量和能量。這一理論深化了人們對黑洞的理解，探討了黑洞與量子力學之間的關聯。

時間與空間：霍金的研究也涉及時間和空間的性質。他的工作與廣義相對論和量子力學相結合，探討了時間的起源、時間箭頭和宇宙的時間結構。他提出了一些關於時間的猜想，如「宇宙邊界條件」和「無邊界命題」，並探討了宇宙中的時間對稱性。

宇宙起源：霍金的研究對於理解宇宙的起源和演化提供了重要的貢獻。他提出了宇宙大爆炸模型中的「奇點理論」，並與英國物理學家羅傑・彭羅斯合作發展了「無邊界命題」。這些理論探討了宇宙的起源、初期條件和可能的結構。

宇宙學常數：霍金對宇宙學常數的研究也非常重要。他對宇宙學常數的價值和影響進行了詳細的研究，並討論了宇宙加速擴張的原因。他的研究對於理解宇宙的演化和性質提供了重要的見解。

霍金的著作《時間簡史——從大爆炸到黑洞》（A Brief History of Time： From the Big Bang to Black Holes）於 1988 年出版，這是一本極具影響力且廣為流傳的科普書籍。《時間簡史》試圖向一般讀者介紹宇宙的基本概念，並探索一系列重要的天文學和物理學問題。這本書通過生動的語言和豐富的

比喻，以非常深奧的主題為基礎，將宇宙學的知識帶入了廣大讀者的視野。

霍金在《時間簡史》中講述了宇宙的起源、演化和結構。他探討了物理學和宇宙學的基礎原理，包括大爆炸理論、黑洞、時間和空間的關係，以及引力和量子力學等重要概念。他也闡述了自己對宇宙存在的看法，提出了一些關於宇宙終極理論的思考，並嘗試回答一些根本性的問題，如「宇宙是如何形成的？」、「宇宙是否有邊界？」、「黑洞是什麼？」等。這本書的普及性使得更多人對宇宙學和物理學產生了興趣，並激發了公眾對這些主題的深入探索。

《時間簡史》不僅在科學界獲得了廣泛的讚譽，也成為賣出了 1000 多萬冊的暢銷書。霍金以他生動而幽默的筆調，將複雜的科學知識帶入大眾視野，並啟發了許多人對科學和宇宙的好奇心。使得《時間簡史》成為一本具有影響力的科學讀物。

第五章

陰陽調和的中國天文宇宙觀

「三代之上，人人皆知天文；上起夏商，下逮近代。」——
《日知錄》顧炎武

天地起源與萬物形成 -- 陰陽

「天文者，所以和陰陽之氣，理日月之光，節開塞之時，列星辰之行，知逆順之變，避忌諱之殃，順時運之應，法五神之常，使人有以仰天承順，而不亂其常者也。」──《淮南子‧要略》劉安

「陰陽」是中國傳統思想的重要象徵，用於解釋天地起源與萬物形成。「陰陽學說」可上溯於殷周、下證於春秋，學界普遍認為，「陰陽學說」出自春秋末期，老子《道德經》記載：道生一，氣生成「陰」和「陽」，故曰一生二，「陰」、「陽」和合生成「沖氣」，故曰二生三，「陰陽」和「沖氣」生成萬物，故曰三生萬物。

由上述引文，可以清楚看出，天地尚未形成之前，存在著一種無形無狀、混混沌沌的原初狀態，經過漫長的時間產生了宇宙；宇宙生元氣，元氣有清陽、重濁之分，清陽之氣飛揚上浮形成天，重濁之氣凝結成地，天地於焉形成。天地之精華相合形成陰陽二氣，陰陽二氣之聚合為四時，四時之氣之精華分散開來為萬物，故言「陰陽合和而萬物生」。

東漢時期，學者許慎在《說文解字》典籍敘述：「陰，闇也。水之南，山之北也，從阜，聲。陽，高明也。從阜，易聲。」旨以文字學解釋，「陰」也可指「雲蔽日而暗」，而「陽」則指「太陽之明照」。一天之中，白晝太陽高掛，古人建立「明」的概念與「熱」的感受；夜晚皎月冷光，因而建立「暗」的概念與「冷」的感受。白晝明亮適合人類耕種，而有「動」的概念；黑夜漫長，不易勞動耕種，而有了「靜」的概念。因而明與暗、熱與冷、動與靜，皆是「陰陽」。「陰陽之陽」乃「陰衰陽生」之位：曆術可用於測算一日、一月、一年的開始之位，曆書則代表二十四節氣中的冬至之位；「陰陽之陰」乃「陽衰陰生」之位：曆術可用於測算一日、一月、一年的半數之位，曆書則代表二十四節氣中的夏至之位。

中國古代曆法種類可分為陽曆、陰曆與陰陽合曆。在《陽曆》方面，透過太陽在天上不同位置來制定二十四節氣，展現出古人科技創造和觀測技術與推算能力；《陰曆》採取兩種不同系統的建立將觀象授時體系更加全面化，一是標示時間，通過觀測月相變化來制定朔望的日期，二是通過觀測北斗劃分恆星位於天空中的方位；最後將朔望月與二十四節氣調和應用，制定《陰陽合曆》集中反映古代科學、科技、數術的發展，逐漸成為中國曆法的重要標誌。

古中國的天文學

「天文」一詞，其初義，泛指「天之紋理」，如《易》〈彖・賁〉（艮上離下）雲：「觀乎天文，以察時變；觀乎人文，以化成天下」。又《易》〈繫辭上〉：「仰以觀於天文，俯以察於地理，是故知幽明之故」。所謂天文者，旨以察日、月、五星之運行，恆星位置等不同天文星象。古代科學家長期觀測天體運行，指引天北極為中心點，逐漸發現周遭星辰運行規律，經過不斷觀測與實踐經驗得知天象（天文）遠較其他物候氣象準確，從而制訂曆法，古代天文學就此萌芽與發展。

中國傳統科學技術，天文曆算最受朝廷重視，它直接影響社會、環境、經濟、政治與人文的發展。古中國天文學體系與古希臘天文學體系不同之處在於，古中國科學家在觀星並非是一顆一顆的辨認，而是透過許多「星象」的相對位置來確認。古代觀星與現代觀星有一個很大的區別，古科學家觀星，無法事先得知天文常數，必須先確定星象在進行長期的觀測與測算之後才能求得天文常數，即是「觀象授時」的基本含義。

地平觀測法與天空四象

　　銀河流瀉、星辰無窮，單憑肉眼觀測尋找星象極為困難，古中國科學家找到一個解決方法，即採用「地平觀測法」，此法採以地平面上可見星象觀測為主，在通過方位角和地平高度來標定天體的位置（如圖一地平坐標系統所示）。但是在認識一顆特定星象的同時，也必須同步鄰近星象將彼此的關係位置做一個參照。這麼做的好處是，能夠區別哪些星體具有授時功能，哪些星體具有定位功能，根據不同星象來進行分組，即稱「星組」，再從這些「星組」中進而辨識星體進而制定時間。

　　我們可以農曆四月，初昏的「大火星」為例，大火星是一顆一等亮星，但是天空中同時有許多一等亮星的星體，古科學家為能夠辨別「大火星」，因此就記錄下當「大火星」出現於東方地平面當下的時辰，同時在通過「大

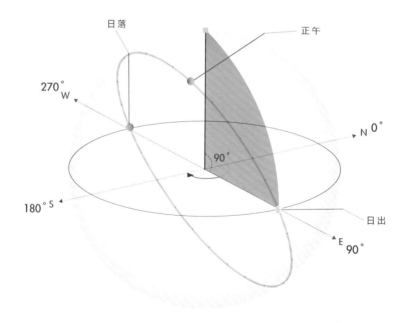

地平坐標系統示意圖。

火星」鄰近星體同樣時辰的位置記錄下來幫助確認，這就是古代在辨識「大火星」時，就以歸類在同一群星象當中同步觀察。也由於這樣的觀察方式，逐漸演化為用來描述東、南、西、北四大星空區所觀測的圖象，稱為「天空四象」，是根據天球由東往西的視旋轉方向來區分。

　　著名的中國科技史研究專家李約瑟教授說過：「中國人在阿拉伯人以前，是全世界最堅毅、最精確的天文觀測者；如果將中國天文學與古希臘天文學來進行比較，不難發現中國天文學有七大優點：

一、中國人完成了一種有天極的赤道坐標系，它雖然和希臘的一樣合乎邏輯，但卻顯然有所不同；

二、中國人提出了一種早期的無限宇宙概念，認為恆星是浮在空虛無物的空間中的實體；

三、中國人發展了數值化天文學和星表，比其他任何具有可與媲美的著作的古代文明早兩個世紀；

四、國人把赤道坐標（本質上即近代赤道坐標）用於星表，並堅持使用兩千年之久；

五、中國人製成的天文儀器，一間比一件複雜，以十三世紀發明的一種赤道裝置（類似改造的黃赤道轉換儀或拆開的渾儀）為最高峰；

六、中國人發明了望遠鏡的前身（帶窺管的轉儀鐘），和一系列巧妙的天文儀器輔助機件；

七、中國人連續正確地紀錄交食、新星、彗星、太陽黑子等天文現象，持續時間較任何其他文明古國都來得長。

　　有很長一段時間（約自西元前 5 世紀至 10 世紀）幾乎只有中國的記錄可供利用，現代天文學家在許多場合都曾求助於中國的天象記錄，並得到良好的結果。」準確而有恆的觀測，是天文科學發展與進步的基本條件，也是中國古代曆法研究中的一個重要問題。大陸已故學者張汝舟曾提出商

周之際到兩漢時期，探究曆法的產生與發展過程，是釐清古代曆法中的諸多疑問，這一觀點提出之後學界廣泛接受，進而擴大研究的廣度與深度。

通過探究不同年代的曆法內容，實際上也可以用來辨別古中國不同時期的所採用的數學方法。這種方法有助於今人認識古中國曆法計算的先進，從科學視角更深入地了解古中國科學家是如何一步步運用觀測技術與推算方法，從而瞭解箇中奧秘。

物候認知階段

根據太陽運動及大自然氣候變化、植物的生長、鳥獸交尾、更換毛羽、遷移與作息來判斷季節。同時，掌握自然萬物週而復始的規律性與與環境地理的變化也是「物候認知」階段中對於分辨方位相當重要的基礎。

上古時代的天文學家或應該稱呼祭司更為貼切，特別是在部落社會中，觀察晝夜天象直接影響部落農業生產以及要如何決定遷息移居的方位辨識都有着極大的影響。在當時的環境，該如何進行呢？針對這一點疑問？出自春秋戰國時期的典籍《尚書‧堯典》，雖由後人著正撰述，依舊能為我們探索上古社會提供了一個想像的場景。

《堯典》中有一段內文這樣記載：「乃命羲和，欽若昊天，歷象日月星辰，敬授人時。分命羲仲，宅嵎夷，曰暘谷。寅賓出日，平秩東作。日中，星鳥，以殷仲春。厥民析，鳥獸孳尾。申命羲叔，宅南交。平秩南訛，敬致。日永，星火，以正仲夏。厥民因，鳥獸希革。分命和仲，宅西，曰昧谷。寅餞納日，平秩西成。宵中，星虛，以殷仲秋。厥民夷，鳥獸毛毨。申命和叔，宅朔方，曰幽都。平在朔易。日短，星昴，以正仲冬。厥民隩，鳥獸氄毛。」這一段記載，就包含了物候認知階段所具備的基本元素，讀者可通過下述轉譯內容更加認識帝堯時代對於四季與四象之描述：

1. 授令太陽神母羲和：恭敬地遵循上天意旨行事，根據日、月、星辰

的運行情況來制定曆法，以教導人民按時令節氣從事農業勞動。

2. 責令東方大臣羲仲：前往東方海濱一座名為暘谷的村落住紮，恭敬地有如迎接貴賓一樣等待晨曦日出，以觀測太陽初升時運行的次序，並以圭表影子的斜直，測知月躔的進與退。以「日中」之日，晝夜交替的時間和朱鳥見於南方日正當中的時間，作為訂定仲春的依據。這個時候，氣候溫和，民間百姓分散在四野勞動，鳥獸也順時生育繁殖。

3. 責令西方大臣和仲：在昧谷觀測日落，並恭敬地送別太陽的離開與測定日落時的躔次，以規定秋季收穫莊稼的工作時序；並以「宵中」之日，晝夜交替的時間和虛星見於南方日正當中的時間，作為訂定仲秋的依據。這時，民間百姓離開高地轉往平原，從事收穫莊稼的勞動，這個時候鳥獸羽毛豐盛，則可選用。

4. 責令南方大臣羲叔：在明都分辨觀察太陽向南移動的次序，以規定夏季農事的進行，並恭敬地等待著太陽的到來，以白晝時間最長的那一天訂為「日永」，以「日永」這一天火星出現在南方日正當中的時間，作為訂定仲夏的依據。這個時候天氣酷熱，民間百姓居住高處，鳥獸的毛也變得的稀疏。

5. 責令北方大臣和叔：在北方幽都觀測太陽從極南向北運行的情況，以白晝最短「日短」那天晚上，昴星見於南方正中的時候，作為訂定仲冬的依據。這個時候民間百姓都住在室內取暖，鳥獸為了禦寒，毛長得更加細密與豐盛。

對於物候認知階段的古人而言，很有可能早在新石器時期，人們便早以發現天象的規律與季節循環是有所關聯的。從《堯典》記載可見堯舜時代已能識別大自然長期規律的變化而產生不同物候認知的總結：

1. 日中，星鳥，以殷仲春；等同於農曆二月，是春季的第二個月。

2. 日永，星火，以正仲夏，等同於農曆五月，是夏季的第二個月。

3. 宵中，星虛，以殷仲秋，等同於農曆八月，是秋季的第二個月。

4. 日短，星昴，以正仲冬，等同於農曆十一月，是冬季的第二個月。

根據古代文獻來看：

春秋時期（770~476 B.C.），《左傳》中已記載一年可劃分「春分與秋分」；「夏至與冬至」四個基本節氣；

戰國時期（476~221 B.C.），《呂氏春秋‧十二月紀》中，進一步明確完善「立春」、「雨水」、「立夏」、「小暑」、「立秋」、「處暑」、「白露」與「霜降」等節氣；

西漢時期（202 B.C.~A.D. 8），《淮南子‧天文訓》書中記載：「日行一度，十五日為一節，以生二十四時之變」正式確立二十四節氣的完整名稱與內容。

觀象與授時階段

「觀乎天文，以察時變；觀乎人文，以化成天下。」古人觀天道以察人道；觀天道，是一種方法，察人道是目的。西漢時期，董仲舒曾提出天人感應思想，將世間的一切自然現象，天文星象，都看作是上天對朝廷施政的間接回應，整個社會，環境、經濟必須跟隨天象、氣候的變化相適應，而治國者必須觀察天道自然的運行規律，以告邦國和民間實行曆法與通曉時辰。

《尚書‧堯典》中，同樣也記載帝堯責令大臣觀測天象敬授人時，以及制定閏月的辦法。「帝曰：咨！汝羲暨和。期三百有六旬有六日，以閏月定四時，成歲。允釐百工，庶績咸熙。」

這段敘述表明一年測定是 366 天，通過增加閏月的辦法來制定春、夏、秋、冬為四季，是為一歲。由此來規定朝廷百官的事務，這樣許多事情就都興辦起來。

值得注意的是，關於「三百有六旬有六日」的描述正是指向古代使用天干紀年的參證，「六旬」正是由天干地支所記錄下來的。上古時代，文字尚未建成體系之前，對於時間的紀錄是比較模糊的。當時古人習慣用擺放樹干、樹枝的方法來記錄和表示日子。干，稱為天干，意指太陽的運動；支，稱為地支，意指月亮的運動。

《易經·繫辭傳》中，記載：「仰以觀於天文，俯以察於地理」很好地詮釋了我們對於觀象授時的基本認識，也是天干地支產生的基礎。因為看到天文地理，我們才了解到日月運動的變化，白天和黑夜的變化，夏天與冬天的變化，古人通過這些變化，逐漸掌握自然變化規律，這些規律中既包括現象，又包含著導致現象背後的原因。自然規律具有明顯的循環週期性，人們通過對這種循環週期性的認識，而深刻地認識了天時（天干）地時（地支）。天干地支就形成了中國古代最早用來表述時間體系的方法之一：

1. 天干分為 10 天干，順序為甲、乙、丙、丁、戊、己、庚、辛、壬、癸

2. 地支分為 12 地支，順序為子、丑、寅、卯、辰、巳、午、未、申、酉、戌、亥

如果要使用記年，則有年干支；使用記月，有月干支；使用記日，有日干支；使用記時，有時干支，而測算方法主要是以天干地支去做調和。這裡我們可以舉一個很簡單的案例來做說明。我們時常會尊稱六十歲為花甲之年，「花甲」即是以天干地支相互調和與配對的記年方法，一甲子等於六十年，因此稱為六十花甲子。

1. 以甲子為首，往右橫向有十個單位，代表第一旬，也稱甲子旬。

2. 以癸亥為末，往右橫向有十個單位，代表第六旬，也稱甲寅旬。

天干地支基本排列

　　古代使用天干地支記錄曆日之法，到了秦漢時期更趨成熟，朝廷也會透過天文學家來測算決定祭祀、先喪、大娶、邦誼、攻伐、出兵等國家大政，以擇選良辰吉時的好日子。

曆法與曆日的成書階段

　　中國古代造紙術的發明，直接影響古代傳統優秀文化如，書寫、繪畫、文字能更簡易的記錄與傳播。西漢時期，古人使用澆紙法生產麻紙；隨著雕版印刷技術的成熟，到了唐朝時期，朝廷除了頒曆，也開始印製曆日提供民間百姓生活使用。在這些雕印的曆日當中，載有每一日的吉凶宜忌，清楚告訴百姓今天適合做什麼，不宜做什麼，很詳細地寫出來，所以很受歡迎。

天干地支基本排列

天干	甲	乙	丙	丁	戊	己	庚	辛	壬	癸	第一旬
地支	子	丑	寅	卯	辰	巳	午	未	申	酉	
天干	甲	乙	丙	丁	戊	己	庚	辛	壬	癸	第二旬
地支	戌	亥	子	丑	寅	卯	辰	巳	午	未	
天干	甲	乙	丙	丁	戊	己	庚	辛	壬	癸	第三旬
地支	申	酉	戌	亥	子	丑	寅	卯	辰	巳	
天干	甲	乙	丙	丁	戊	己	庚	辛	壬	癸	第四旬
地支	午	未	申	酉	戌	亥	子	丑	寅	卯	
天干	甲	乙	丙	丁	戊	己	庚	辛	壬	癸	第五旬
地支	辰	巳	午	未	申	酉	戌	亥	子	丑	
天干	甲	乙	丙	丁	戊	己	庚	辛	壬	癸	第六旬
地支	寅	卯	辰	巳	午	未	申	酉	戌	亥	

天干為上、地支為下；每一旬計十年，六旬共計六十年，為一甲子。

　　為了區別朝廷官府與民間社會各種不同對象的需要，朝廷的天文機構每年會個別印製不同種類的曆日，如果是上奏皇帝御覽的曆日，種類包括有「頒詔、出師、招賢、遣使的宜忌，並以黃綾黃羅銷金包袱包封；官僚階層所用的欽定壬遁曆，就提示了上官、上冊、進表、赴任的吉凶；至於一般民眾使用的民曆，則多註明入學、安床、裁衣、沐浴、剃頭、針灸等事。」

　　北宋時期，朝廷司天監在採用雕版印製曆日，均是交由侯姓之民來發售，但因售價較貴，以致民間私印有所謂「小曆者」，每本售價一、二錢。到了神宗熙寧四年（西元 1071），王安石施行新法以擴增財源，嚴禁私自印售小曆，統一由官府印製大曆，以每本數百錢的高價發賣。印製大曆能為朝廷帶來豐厚的經濟利益，加上社會民間的廣大需求，所以責成地方官府嚴禁私人印售曆日，違者處以屬刑。

　　明朝時期，由朝廷出版的曆日封面上，新增加註每本曆日都必須蓋欽天監的印信，如私自印製曆日經朝廷查獲，則判以斬首的重刑處置。

　　清乾隆十六年，朝廷回應社會民間的需求，正式准許民間複刻朝廷頒佈的曆日，毋須再蓋官府印信，民間刊行曆日亦不再違法，造就百家曆的盛況，許多民間數算家也主打自己的名號或堂號為標誌，出版年度通書。

　　曆法與曆日成書，是古中國天文與曆法發展相當重要的階段，亦象徵古中國天文學的知識正式從觀象授時（被動）邁向推步制曆（主動），側重於數理、數術之推算。曆法在成書之前各項曆數制訂與內容皆不相同，基本分為三大類：

　　1.「物候曆」，根據天文星象參合物候而制訂者，如《大戴禮記》〈夏小正〉、《尚書》〈堯典〉所述之曆法；

　　2.「星象曆」，根據出於實際觀測星象所得之規律，主要以春秋時期各國的時令當之；

　　3.「推步曆」，根據回歸年（歲實）與朔望月（朔策）之推算，設計能夠調和兩者的方法與配置作大小月、置閏等安排的曆法。春秋中葉，四分曆術出現以來，回歸年數值、朔望月數值、周天度數、十九年七閏月等透過天象觀測定「曆數」以便於進行推步計算，安排曆日；西漢時期《太初曆》為「推步曆」最早有完整文字記載也是最完整的樣本。

　　過去與今日不同，今日與將來也不一樣，古代治曆沒有與現代編曆相同的概念工具，需要對天文常數進行更細微的計算，這促使我們審視中國古代曆法發展，在元朝觀測技術開始極大地加速科學進步之前，更早期的科學家們，根據個人經驗和肉眼觀察來探究天上繁星，不僅用於計算日月五星，更逐步推敲出宇宙的模樣。

　　與現代天文科學所不同的是，古科學家在描述和解釋天地和宇宙形成方面提供了更多經驗與想像。這些都具有重要意義，無論是有缺陷的理論還是富有成果的實踐，都會在不斷進步的觀測經驗中繼續存在。沿著這條路線，古代曆史可為今人提供涉及真實人物、事件、天象的序列，從而有助於創造力思想的不斷進步。

　　根據美國太空總署最近的一項研究顯示，韋伯望遠鏡已抵達離地球遠達 150 萬公里的日 - 地系統 L2 拉格朗日點、進入繞行 L2 的特殊量輪軌道，將以紅外線波段觀察宇宙面貌，看清來自早期宇宙的光以及古老星系誕生時的模型，是人類天文觀測史上一大躍步。

　　天文觀測向來是一門重視理論與實踐並重的學問，古代限於觀測能力，對宇宙起源與天地模型的疑問得從實踐經驗中找尋。早期古中國和古歐洲的天文科學發展路線雖不相同，但論述宇宙觀卻有其相似之處。首先，彼此都側重於對天的研究，依天序而生，依天時而行；其次，都涉及曆法與觀測天體運動。當然，占星術對雙方都是同樣重要。

　　誠如李約瑟教授所言：古中國和古希臘時代所研究天文的主題是相同

的，但彼此所發展提出了非常不同的理論和概念，這些理論和概念與他們各自選擇研究的問題有所關聯，當時所提出的基本概念可概括如下兩點：

1. 中國科學家對天道的內在秩序更有信心，對天道可能向天子傳遞的信息直接反映在算術方法求以合乎天的秩序；而希臘科學家則放大表現行星運動與幾何方法的計算與對天產生的思辨哲學與存在意義。

2. 中國科學家提出的宇宙模型：圍繞在平地、圓天、自由天體和無限宇宙；希臘科學家則是圓地以層層圓天為中心，定錨天體和有限的宇宙（天堂）。對希臘科學家來說，天體的運動是同心球在同軸上旋轉的結果；對中國科學家來說，天體運動的規律都離不開「陰」和「陽」。

古代中國宇宙學說

在中國古代，可以區分三種主要的宇宙學說模型：首先是中國最古老的宇宙學模型「蓋天說」，標誌為天圓地方。其次為「渾天說」，通過「蛋」的類比呈現。天如蛋殼，地球在蛋黃中間，四面環水；天北極是天穹的最高點，日月星辰在天穹上交替出沒而產生晝與夜。最後為「宣夜說」，強調天上總是充滿著無限的氣，並容納了自由漂浮的天體。值得注意的是，這三種宇宙模型基本上是通過仰視建立起來的，即便當時可能帶有周邊的輔助工具，但古中國科學家仔細觀察和記錄了天空，發表了他們對宇宙的看法。

如果今人仔細觀察天空，是否可以提出打破他們當時的概念和模型呢？正如學界普遍認為的那樣，當代天文觀測研究兩項最重要的目標，其一是揭示宇宙古老恆星的起源；其二是在太空中尋找宜居星球。如能通過古中國宇宙模型在科普課堂實踐中作為學習過程中的思考模型，作為一種反思工具，能幫助今人定位自己的想法並持續不斷的思考，包含對於中古國天文模型的思考點應該是從地球中心的觀察角度逐漸轉移到更加宏觀、

從外太空觀察地球的角度，正如歷史上從蓋天學說過渡到渾天學說所展示的那樣，我們在這裡能找到與他們想法的類比。

　　古科學家是否曾以不同視野、不同視角，察覺地球運動的概念？如果沒有地球運動觀念，那日月五星的運動模型是如何理解的呢？本書作者相信，古中國的另類宇宙觀可以激發我們對於古代天文科學模型發展過程中的反思，進而傳達出逆向思維與科學推理在科學實踐作用中做出貢獻。

世界上最早的天文學著作 --《甘石星經》

　　春秋戰國時期，隨著生產力的不斷發展，人們在天文學研究方面也取得很大的進展。《甘石星經》就是這一時期的代表作品，也是世界上最早的天文學著作之一，在中國和世界天文學史上都佔有重要地位。

　　中國是天文學發展最早的國家之一。由於農業生產和製定曆法的需要，中國的祖先很早就開始觀測天象，並用來定方位、定時間、定季節。春秋戰國時期，楚國人甘德和魏國人石申各自在其國家區域內進行天文觀測，根據長期觀測天象的基礎，甘德和石申各寫出了一部天文學著作。甘德的著作名為《天文星占》，石申的著作名為《天文》，漢朝時這兩部著作還是各自刊行的，後人把這兩部著作合併，並定名為《甘石星經》。

　　甘德本是魯國人，在齊國為官或遊學期間完成主要天文學成就，故司馬遷《史記 · 天寶書》記載「在齊」，應是齊國學者；另因魯國後為楚地，故又有楚人之說。

　　石申對天空中的恆星作了長期且詳細的觀測，他和甘德都建立了各不相同的全天恒星區劃命名系統。其系統方法是依法給出來星官的名稱與星數，再指出該星官與另一星官的相對星團，從而對全天恒星的分佈位置等予以定性的描述。

　　三國時陳卓總結甘德，石申和巫咸三家的星位圖表，得到中國古代經

典的 283 星官 1464 星的星官系統，其中屬甘氏星官者 146 座（包括 28 星宿在內），由此可見甘德在全天恒星區劃命名上產生的巨大影響。甘德還曾對若干恆星的位置進行過定量的測量，可惜成果後來大多散失了。石申在對行星運動的研究，取得了劃時代的成就，尤其對金木水火土五星的運行，有獨到的發現。

石申推算出木星的回合週期為 400 天整，比準確數值 398.88 天差 1.12 天，他還認識到木星運動有快有慢，經常偏離黃道南北，代表了戰國時代木星研究的先進水準。

另外，石申還推算出水星的回合週期是 136 日，比實際數值 115 日誤差了 21 日，這個誤差雖大，但已初步認識了水星運動的狀態和見伏行程的四個階段，說明石申已基本掌握了水星的運行規律。此外，石申還首先發現了火星的逆行現象，推算出火星行度週期為每 780 日經過 410 度，接近於實際週期。《甘石星經》測定恆星的紀錄，比希臘天文學家喜帕恰斯（Hipparchus，190~120 B.C.）在西元前 2 世紀編列的歐洲第一個恆星表還早約 200 年。

後世許多天文學家在測量日月行星的位置和運動時，都要用到《甘石星經》中的數據。因此《甘石星經》在中國和世界天文學史上都佔有重要地位。

蓋天說

最初，蓋天說是古科學家推敲宇宙起源與天地形成的基礎，在這個系統中，每顆行星都被視為一個獨特的事實，獨立於所有其他行星，並擁有自己的運動和自己的參數。沿著這條研究路線，當時的科學家先後提出了不同想法，旨在揭示宇宙起源與天地形成。

文獻研究表明，蓋天說應起源於商周之際，經過不斷的觀測與驗證，

成書記載於西漢時期，期間都有科學家不斷深究。蓋天說以《周髀家》和《周髀算經》二個學派為主。前者，依觀測實踐經驗為導向的推論；後者，根據數學方法來驗證前人觀測結果再加以推論與參證。通過這兩種學說，提供今人能夠基於現代宇宙模型來理解古代是如何看待天體、地球及其關係，這通常與現在公認的宇宙科學模型有很多不同。

《周髀家》

「天圓如張蓋，地方如棋局」。周髀家所主張天地的結構，就像一個倒過來的半圓，覆蓋在大地之上，大地則是平坦的，並且是個有稜有角的四方形，就像下棋用的棋盤。這樣的觀點，後來在西周末年《詩‧小雅‧正月》中也曾記載：「謂天蓋高，不敢不局。謂地蓋厚，不敢不蹐。」意指古人敬仰天地，天之高、地之厚。天與地皆為方形，並相互平行。

周髀家的研究結果是根據肉眼觀測與推論而來，與今人所認識的天地結構有著極大的不同。值得注意的是，蓋天說與渾天說對於宇宙起源與天地結構始終保持不同視野互相遙望，彼此辯證以求一個最合理、可靠、可參政的論述。在這個歷史階段，古中國科學家分別提出了兩種解決方式以彌合日月五星相對於恆星的天體運動所造成「月行當有遲疾」或「日行在春分後則遲，秋分後則速」的說法。

《周髀算經》

旨在對天地結構說提出新的觀點，對於天地結構則有不同的表述，主要透過數學工具來構建天地結構。大陸學者錢寶琮認為，《周髀算經》反映出十個關於宇宙結構思想的關鍵問題：

（1）測量工具：髀、表、繩子

（2）千里影長差一寸

（3）地為平的，

（4）天和地是兩個平行的穹形曲面，似如天似蓋笠，地法覆槃

（5）大星與北極星的距離

（6）夏至日和冬至日之間日道的劃分

（7）對周都附近日落的解釋

（8）內衡與外衡之間的距離與算法

（9）計算二十八宿之間赤徑差的算法

（10）測量七衡六間圖的基本儀器。

　　《周髀算經》是古中國傳統數學融合天文知識的經典大作，當中記載著相當豐富的數字計算與勾股定理之引用，而對於蓋天說的內容也介紹十分詳細，其中有兩種不同的觀測實踐：

　　第一種：「方屬地、圓屬天，天圓地方。」

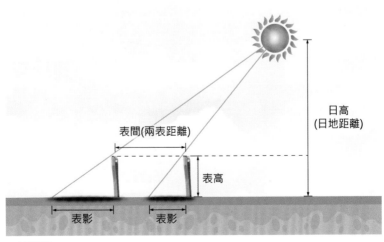

日高圖註解

　　古中國科學家認為「天圓地方」是指天穹高懸在天上，其形半圓；天穹之下是穩居四方的平面大地。這是來自人類最原始的觀察，太陽和其他天體週而復始地從東方升起，西方落下，天際中就像一道弧型，也或許古人曾透過「彩虹」而有天際弧形的形象概念，很容易將天想像成一個半圓，而人在廣闊大地上行走，又讓人有平坦的感覺，假如想像古人對天地的感受，天圓地方應該是半球形的天和圓形平面的地，地方的方應該是平坦的意思，而天和地是在遠處相連，半球形的天有一個離地面最遠的位置稱為天頂，天頂的正下方稱為地中。相較於歐洲的地心說和日心說，天圓地方則是以觀測者為中心的說法。

　　第二種「天像蓋笠，地法覆盤」。

　　「天地各中高外下，北極之下，為天地之中，其地最高而滂沱四隤，三光隱映，以為晝夜，天中高於外衡冬至日之所在六萬里，北極下地高於外衡下地亦六萬里，外衡高於北極下地二萬里，天地降高相從，日去地恆八萬里，日麗天而平轉，分冬夏之間日所行道為七衡六間」。

　　意指「天」像一頂戴著的笠帽，「地」像一個伏倒的盆，天地是兩相平行的曲面（拱形）；並以「七衡六間」加以說明太陽日繞地之運動系統。凡為此圖，以丈為尺，以尺為寸，以寸為分。分，一千里。……凡為日月運行之圓周。七衡周而六閑以當六月。節六月為百八十二日八分日之五。故日夏至在東井，極內衡。日冬至在牽牛，極外衡也。衡複更終冬至。故曰：一歲三百六十五日四分日之一。一歲一內極，一外極。

　　此系統中心乃天北極，以太陽運行的軌道，認為太陽在天蓋上的周日運動一年當中共有七條道路，稱為「七衡」：以一分為一千里的比例來製圖。將太陽移動的影跡描繪下來，即可得到一段段的圓弧軌跡，由最內衡到最外衡畫出七個圓弧，包括其中六個間隙，為六個月的影長變化。

　　一年既為 365 又四分之一日，半年自然就是 182 又八分之五日。從文中提到夏至點在東井，冬至點在牽牛來看，應當是戰國時的實際測量成果。

夏至日影的軌跡最內衡，冬至在最外衡，由冬至到下一個冬至，一年即為
365又四分之一日。

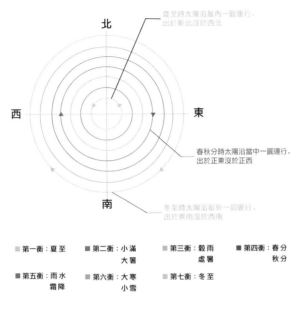

周髀算經「天似蓋笠，地法覆槃」說。

- 最內一圈稱為內衡（一衡），夏至日太陽就沿內衡（一衡）；
- 最外一圈稱為外衡（七衡），冬至日太陽就沿外衡（七衡）走一圈；
- 每年「夏至」太陽沿一衡運行，出於東北沒於西北，日中時地平高
  度最高；
- 每年「冬至」太陽沿七衡運行，出於東南沒於西南，日中時地平高
  度最低；
- 每年「春分」太陽沿四衡運行，出於正東沒於正西，日中時地平高
  度適中；
- 每年「秋分」太陽沿四衡運行，出於正東沒於正西，日中時地平高
  度適中。

●其於「節氣」太陽沿二衡；三衡；五衡；六衡運行。

　　古科學家，各自提出他們的宇宙模型讓世人得以建立世界觀，這產生了與現代科學模型相反的小範圍的問題和現象。其次，當以人為中心的觀點，並無法很好地解釋天體運動的規律，也難以找到科學理論與實踐技術的支撐點。

渾天說出自漢武帝時期

　　東漢著名天文學家張衡（78—139）以《玄圖》和《靈憲》二書，來對宇宙本原和演化說提出一些解釋。首先《玄圖》繼承了《淮南子》之思想並加以發展，指出宇宙的本原，這包括道德、天地、陰陽、元氣、萬物在內皆由「玄（無形）」所生成；其次《靈憲》指出宇宙演化有三大階段：

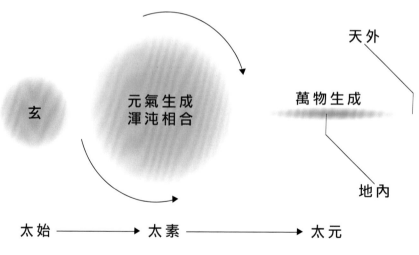

《靈憲》宇宙觀演化示意圖。

第一階段是「太始」，別稱「溟涬」，意指寂靜無聲的狀態，「玄（無形）」存於其中，是為自然之根、道之根；第二階段是「太素」，別稱「龐鴻」，意指「玄（無形）」生成「元氣」，就像樹根生出之芽，元氣顏色相同，渾沌不分，亦無形狀；第三階段是「太元」，別稱「道實」，意指「元氣」因剛柔陰陽作用，開始分離。天地誕生，天成於外、地定於內，天動而地靜；天圓而地方。天地動靜合化，孕育地上萬物。

　　《靈憲》以「太始」；「太素」；「太元」總結了宇宙演化與天地模型的理論基礎。六年之後，張衡在《渾天儀圖注》中更進一步說明如何觀察天體視動建立渾天體系，以解釋天地結構學說。

　　渾天說在中國天文學史上佔有重要的地位，對中國古代天文儀器的設計與製造產生了重大的影響，渾儀和渾象的結構就和渾天說有著密切的聯繫，對天文學的有關理論問題的解釋也產生了重大影響。下圖是以渾天說來解釋夏至日與冬至日運行之模型圖像：

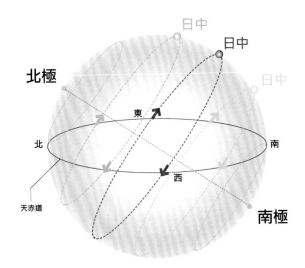

《渾天說》夏至日與冬至日運行示意圖。

夏至日，日出在東北方，日落在西北方。

冬至日，日出在東南方，日落在西南方。

夏至日太陽處在黃道最北點，太陽的週日平行圈一大半在地上，一小半在下，表示著太陽在地上的時間多，在地下的時間少。

冬至日太陽處在黃道最南點，太陽週日平行圈有一大半在地下，一小半在地上，表示著太陽在地上的時間少，在地下的時間多。

天球北高南低，天球繞通過南北天極的軸旋轉，旋轉一周就是一日。垂直於南北極軸把天球平分成南北兩半的大圓就是天赤道。

宣夜說

宣夜說不同於蓋天說與渾天說。是中國古代宇宙理論首次提出沒有球形大地的概念，認為宇宙皆是以氣所組成，日月星辰都是漂浮於氣體之中。值得注意的是，對於中國古代講求天人合一，頂天立地，天子是為天的皇朝國政中，將天地型態抽離解釋，不僅是非常先進且大膽的觀點。

文獻表明，古人確實知道宇宙是無限的。古科學家認為，在可研究、可觀測的世界之外，一定還有更廣闊的天地，那就是「宇宙」。不以地球或太陽為中心的觀點，似乎並未在古希臘有相應的哲學思想。李約瑟教授在《中國的科學與文明》的天學卷中讚揚宣夜說，認為可與古希臘的宇宙哲學觀相提並論。

大陸學者，陳美東教授則認為「宣夜說精彩之處在於主張天上所有的星體都飄浮著，而不是固定在一個球殼上面；宇宙是無窮盡的，硬殼式的天穹並不存在。這些是經由觀測經驗得到的心得，將星球從蓋天說或渾天說中的「球殼天」的概念中脫離出來，對於星體的位置和宇宙大小的認知，都有頗符近代天文的深刻認識。」

宣夜說出自東漢郗萌《黃憲宣夜說》中記載：「天了無質，仰而瞻之，

高遠無極，眼瞀精絕，故蒼蒼然也。譬旁望遠道黃山而皆青，俯察千仞之谷而黝黑。夫青冥色黑，非有體也。日月星象浮生空中，行止皆須氣焉」。從這段話可以幫助我們理解宣夜說所傳達三種最重要的觀念：

一、天為無形、無體、無質；唯眼所見，是一片廣闊無際，無所及之處。

二、懸浮虛空中的日、月、星辰之動靜皆由氣所推動，彼此都是自然生成。

三、天北極恆定於空中，鄰近星辰圍繞天北極旋轉。

　　古科學家面對天地結構與日月五星運動往往都是最重要的課題，今人對於探究這些問題，主要目的是希望通過古中國科學家在處理天地結構與日月五星運動問題上曾發現什麼問題，並探索科學家如何提出解釋與實踐，以此檢視這些模型之合理性與可靠性。

　　這是因為當科學家創造一個好理論，必須掌握的基本問題或框架，對於古代科學家來說，無論是哪一種宇宙模型，都必須從該推論或實踐中求得與天象能夠吻合的推算證明。每一種主張的背後以及人們對它的喜好與認識，都直接反映出當時社會、環境與文化的包容性。

　　每個學說背後都有自己獨特的性格，中國古代宇宙模型長期在自身的地理、社會、環境與經濟中發展形成。在此背景下，中國古代宇宙學派形成了特殊的文化與科學傳統，它的特點是表現古人的世界觀與哲學思維以及治國者需要精確的曆法以告曆日與敬授民時，彰顯皇朝帝權，為此科學家就必須解決日月五星運動並提高曆法的精確作為首要課題；而在這項倡議中，宣夜說始終未能解釋星辰在氣體中與各別星象中的天體互動研究，天地學說為當時學界所高度推崇，宣夜說逐漸消彌，後學也鮮少提及，最終在十七世紀被西方理論所取代。

第六章

中國曆法的發現與創造

「究天人之際，通古今之變。」──《天官書》司馬遷

話說中國古代曆法

「以史為鑒,可以知興替」正如本書前言所述「天文、曆法與時計從發現與創造的發展,一路都離不開人類文明的進步」。科學創新源自於社會發展的需求所驅動,關鍵是社會、環境、經濟與政治之平衡。中華先民對於科學、科技之創造在人類歷史上帶來了重要的成果,源自中國的四大發明推動了近代人類文明社會發展進程,而每一項發明的背後都需要時間的淬煉。

中國古代曆法歷經三千多年的淬煉,累積曆書共計百餘部。根據近代科學分類,曆法屬於天文學的實際應用與社會實踐,看中國古代曆法變遷也能透視中國古代天文學發展過程,以及古代天文學家對於治曆所追求的科學與人文精神。

中國古代曆法最初是由「物候曆」發展而來,主要根據星象結合自然物候所制訂,比較直觀的表現就像「日出而作、日落而息;星象與四季變化、春花開;秋葉落、鳥獸遷移冬眠與出沒」等生命發展規律,以為依據而調整耕作日期或移動的方位。

其次「星象曆」則根據出於實際觀測星象規律所制訂。《尚書‧堯典》就曾記載殷商時期設置專人觀象以辨別方向、定季節、定時辰,以確定農時。早在春秋時期所出現四分曆術即是標誌;四分曆術確立了一個回歸年長度為 365 1/4 日,並採用十九年七閏的置閏法,此曆法標誌著由觀象授時而進入比較成熟的時期。

最後發展為「推步曆」,採用回歸年(歲實)與朔望月(朔策)之推算,設計能夠調和兩者的方法與配置作大小月、置閏等安排的曆法。

此後,曆法便不斷進步和精確,先秦頒行《顓頊曆》,使得全國曆法得以統一,漢朝初年制定《太初曆》曆法達到一個高峰,它已經具備了後世曆法的各項主要內容,如節氣、朔晦、閏法、五星、交食週期等。後又

經過《四分曆》、《乾象曆》、《景初曆》、《大明曆》、《大衍曆》、《統天曆》等等，直到元朝《授時曆》的完成是曆法的頂峰，它是中國古代最精確的曆法。

中國古代曆法的制訂和至尊的天子有著密切的關係，《周易》中提到：「君子管治階層，統治者以治曆明時，」治曆除了顯示統治權威，也管治農業的耕作，令民間社會能繼續風調雨順，國泰民安。

之所以這樣，首先是因為中國一直是農業大國，能讓農民適時地春播秋種是歷代帝王的重要任務，為此朝廷會成立曆局招募國內優秀的天文學家制訂出精確的曆法，曆日由朝廷發佈於全國使用。

秦朝與漢朝的天文官稱為太史令；唐朝時則有太史局，到了宋、元則改為司天監；明、清則欽天監，顧名思義與天有關，這些天文官還擔負著觀察天象，並對天象作出及時解釋提供給帝王的職責。如果上天因天子行為不端而藉日食、彗星等天象對他進行警示，司天台或欽天監的官員們就要把這種警示告訴帝王，以使他及時改正行為，補救自己犯下的錯誤，以此得到上天的原諒，讓他繼續擁有統治天下的權利。

二十四節氣

「二十四節氣」是中國古代頒佈用來指導農事的補充曆法，也是古人辨別季節轉換以及氣候、物候變化的知識總結：

- 與季節對應的有：立春、春分；立夏、夏至；立秋、秋分；立冬、冬至八個節氣
- 與氣候對應的有：小暑、大暑、處暑、小寒、大寒五個節氣
- 與雨水對應的有：雨水、穀雨、白露、寒露、霜降、小雪、大雪七個節氣
- 與農事對應的有：驚蟄、清明、小滿、芒種

依照月首及月中各分 12 節使用；置放月首為「節氣」；置放月中為「中氣」；合 為二十四節氣，即稱一歲（年）。

根據商周時代出土文物顯示，商周之際主要使用春秋兩季來表示一年的季節，研究人員發現在當時所使用祭祀的文物上發現了「春」與「秋」的甲骨文。值得探究的是，「春」、「秋」二字的演化史。上自象形指事時代到楷書產生，春字與昏字部首階為「日」，且兩者字形都是將「日」寫於下半位。

春字歷代演化，將「日」擺字形下位正是反映出古人觀測太陽自地面上升起時的天象記錄。東漢學者許慎在《說文解字》解釋說：「春，推也。從艸屯，從日，艸春時生也。會意，屯亦聲…今隸作春字，亦作芚。」意思為，幼苗破土初生；「春 / 屯」含義，也與《楚辭》中的「暾」（音吞）遙相呼應，亦為早晨。

太陽週而復始的天體運動，提供古科學家觀象用於造字的基礎；地球自轉與太陽公轉的天體運動所產生的日影，也作為古人觀象用於授時的依據。當時古科學家使用許多不同工具來輔助觀測日影，立竿是其中工具之一，不僅使用上便利，觀測結果也很容易的辨識。

「春」字與「昏」字部首説明。

| 甲骨文 | 金文 | 小篆 | 楷書 |

「春」字演化圖。

　　隨著觀測經驗累積與技術、方法的進步，古科學家發現一年當中有幾個日子，日影的長度有所不同。每逢夏季時日影較短，稱「日北至（夏至）」；冬季時日影較長，稱「日南至（冬至）」。古科學家認為，顯然每逢正午，隨著季節變化，陽光直射立竿所折射出的日影，長短變化將會不同，即依照此規律先後掌握一年可均分為春夏秋冬四個季節。

節氣名稱與分類

　　「二十四節氣」屬於陽曆，根據太陽週年運動軌跡平均劃分而來，每一段節氣分別代表了地球在公轉軌道（黃道）上的不同位置，內容包括：立春、雨水、驚蟄、春分、清明、穀雨、立夏、小滿、芒種、夏至、小暑、大暑、立秋、處暑、白露、秋分、寒露、霜降、立冬、小雪、大雪、冬至、小寒、大寒。

　　戰國時期，《呂氏春秋》中，就曾載明：「立春」、「雨水」、「立夏」、「小暑」、「立秋」、「處暑」、「白露」與「霜降」八個節氣名稱：

　　《呂氏春秋・卷第一・孟春紀》

　　「立春之日，天子親率三公九卿諸侯大夫以迎春於東郊。」

　　《呂氏春秋・卷第二・仲春紀》

　　「始雨水。桃李華。蒼庚鳴。鷹化為鳩。天子居青陽太廟，乘鸞輅，

駕蒼龍，載青旂，衣青衣，服青玉，食麥與羊，其器疏以達。」

《呂氏春秋‧卷第四‧孟夏紀》

「立夏之日，天子親率三公九卿大夫以迎夏於南郊。」

《呂氏春秋‧卷第五‧仲夏紀》

「小暑至。螳螂生。鵙始鳴。反舌無聲。天子居明堂太廟，乘朱輅，駕赤騮，載赤旂，衣朱衣，服赤玉，食菽與雞。其器高以觕。養壯狡。」

《呂氏春秋‧卷第七‧孟秋紀》

「立秋之日，天子親率三公九卿諸侯大夫以迎秋於西郊。」

《呂氏春秋‧卷第七‧孟秋紀》

「白露降。寒蟬鳴。鷹乃祭鳥。始用刑戮。天子居總章左個，乘戎路，駕白駱，載白旂，衣白衣，服白玉，食麻與犬。其器廉以深。」

《呂氏春秋‧卷第九‧季秋紀》

「霜始降，則百工休。」

《呂氏春秋‧卷第十‧孟冬紀》

「立冬之日，天子親率三公九卿大夫以迎冬於北郊。」

測算與規則

從應用天文學角度說明二十四節氣測算方式：以太陽為中心，求得地球圍繞太陽進行橢圓軌道運動繞行時的天文常數為計算值。地球繞行太陽一圈 360 度，因此將每 15 度設定一個節氣，等均分配共 24 個節氣。

清朝使用定氣法相同。春分訂為 0 度，夏至為 90 度，秋分為 180 度，冬至則為 270 度。每一度均有指標對應各季節，只要遵循該指標，就能有效的掌握四季變化而進行農耕，認知一年中時令、氣候、物候等方面變化規律所形成的知識體系和社會實踐。

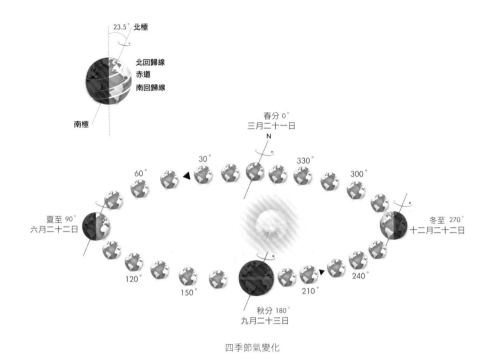

四季節氣變化

平氣

　　清朝以前使用平節氣，以冬至為測算點，每一個節點定為一個節氣，依序分配 24 等份，每段節氣平均 15 日；每年冬至到次年冬至的時間即訂為一個回歸年。如東漢四分曆基本曆算公式，當時使用回歸年長度為 365.25 日，朔望月為 29 499/940，而節氣彼此相差間隔 15 7/32 日。

定氣

　　為改善地球繞太陽公轉的軌道不是正圓而造成地球在太陽軌道上各點運行的變化速度並不相同，因此以回歸年時間為基礎所指定平節氣的日期，其實並不能反映地球在軌道上真實的位置。

　　清朝初期頒佈《時憲曆》節氣推步正式由「平氣」改為「定氣」；改以春分為測算點 0°，以地球公轉為基準，當軌道每移動 15 度擇定為一個節氣，繞行一週 360°，共 24 節，延續月首擇定節氣、月中指定中氣。公式簡述如下：

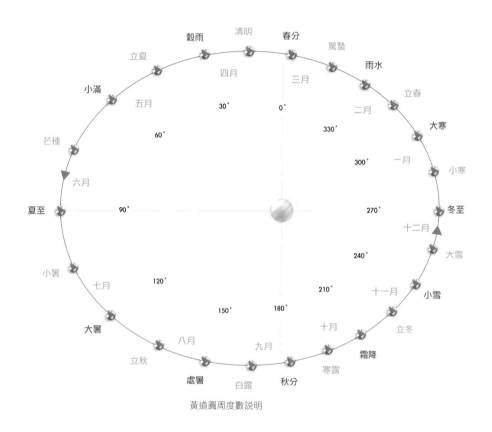

黃道圓周度數說明

1. 地球繞太陽公轉的週期為一年 365.242199 天；
2. 一圓形之圓周總角度為 360°
3. 以太陽為中心，地球圍繞太陽公轉一圈，行進之角度大約為 1°度，
4. 測算結果為地球每天相對太陽行走 1°。
地球繞太陽公轉的週期為一年 365.242199 天，而一個圓形其圓周之總

角度為 360°。所以地球繞太陽運行一天，對應於以太陽為中心（圓心）行進之角度大約為 1°度，也就是說地球每天相對於太陽約行走 1°。

二十四節氣是中國傳統優秀文化的代表之一，古科學家經由長期觀測實踐中逐步認識到太陽天體運動影響氣候變化之規律，發揮實證求真科學態度，長年觀察天象與氣候的變化，制定節氣以指導農民耕作。

不僅如此，節氣裡所蘊藏豐富的物候內涵，同時也衍生出華人社會獨有的民族節慶：

1. 春天節慶有：元旦、立春、人日、元宵、正月晦、中和節、社日、
   上巳節、寒食、清明十個節令，
2. 夏天節慶有：浴佛日、端午兩個節令，
3. 秋天節慶有：七夕、中元、中秋、重陽四個節令，
4. 冬天節慶有：冬至、臘日、除夕三個節令。

農曆

現今民眾習慣以西曆作為約定的日期，幾乎少見以農曆進行溝通，農曆的曆法的制度為何，能說出個所以然的人應該少之又少。然而，在中國社會的重大節日，如春節、端午、中秋等，又都以農曆來進行，如此奇異的情形，好比最熟悉的陌生人，如此接近卻又遙遠。

農曆，又有黃曆、舊曆、夏曆、陰曆等多種稱呼，也因多與農事作業相關被稱為農民曆，然而稱呼越多，對它的誤會似乎越大。民國政府成立以來，西方的格里曆被定為西曆，也被稱為陽曆或新曆，便習慣將農曆稱為陰曆或舊曆。事實上，人們常誤以為農曆與伊斯蘭曆相同，是一部依循月亮週期制度曆法的純陰曆。

看似被屏棄不用的農曆，是一部結合太陽週期和月亮週期，把回歸年和朔望月測算得到的天文常數並列使用的實用曆法，整合陽曆和陰曆兩套

系統。曆法結構看似複雜，實則可拆解成太陽和月亮兩部分來解讀，分清「歲」與「年」的差異，就可以清楚了解並應用，「歲」即是對應太陽，「年」則是由 12 個朔望月形成，對應著月亮對月亮。雖說如此，但也因 兩者並重需同時考量，古人在進行曆數測算時便發現歲實 (回歸年) 與朔策 (朔望月) 這兩個週期無法求得公約數。其計算說明如下：

- 陽曆一個回歸年為：365.242199 天
- 陰曆一個朔望月為：29.530589 天
- 十二個「朔望月」構成一個「太陰年」為：354.367068 天

29.530589 天 × 12 ＝ 354.367068 天

365.242199 天 － 354.367068 天 ＝ 10.875131 天

（回歸年）　　（太陰年）　　　（相差）

對於「回歸年」與「太陰年」之間的差位，如果不進行彌合，會直接影響「天時」與「曆法」不合時序的錯亂。

舉例來說，以某年的農曆春節是在寒冷的冬天，下一年的農曆春節就會在季節上提前 11 天，第三年的農曆春節又會在季節上提前 11 天。依此類推第十六個農曆春節就會出現在炎熱的夏天。

為了確保每個「農曆年」的正月～三月為春季，四月～六月為夏季，七月～九月為秋季，十月～十二月為冬季，於是制訂出「閏月」的辦法，以調合「朔望月」與「回歸年」之間的差異，可確保「農曆年」的歲首在冬末春初，使陰曆和陽曆的天文常數能夠調和，「曆法」與「天時」相合。中國農曆不同於其他曆法，由於二十四節氣隨春分點訂定，可以看成是一部配合太陽運動觀測而變動的曆法，可視為其重要特色。因此，農曆曆法不僅可配合星象，更符合物候變化，適合於農政人文等多方面的應用。

陰陽合曆的調和使用

太陰曆：測算以朔望月（古名：朔策）為單位，一年 354.3672 天；一個月 29.53 天；主要用辨別時間，如：初一、初十五；春節、清明、端午、中秋、重陽；婚喪喜慶等。

太陽曆：測算以回歸年（古名：歲實）為單位，一年為 365.2422 天；一個月 30.436 天；主要用以指導農業生產，如：春耕、夏耘、秋收、冬藏，一年四季節令與氣候。

置閏與推步規則

「十九年七閏法」，是根據春秋時期古四分曆的回歸年長度推算出來，其推步準則是平均每十九個陰曆年補上七個閏月，這樣做的目的是：調整曆年長度使其盡量與回歸年接近；固定歲首，以便月名基本能和季節對應。

為方便協調陰曆與陽曆兩者天數同步以合乎天時，分述如下：

首先：一個回歸年為：365.2422 天；十九個回歸年，總天數為：6939.60 天

公式：365.2422x19＝6939.60

其次：一太陰年為 354.3672 天；十九個太陰年，總天數為：6732.9768 天

公式：354.3672x19＝6732.9768

再次：一個朔望月為 29.5306 天；七個朔望月為：206.7142 天

公式：29.5306x7＝206.7142

最後：十九個太陰年加上七個朔望月等於：6939.69 天

公式：6732.9768+206.7142＝6939.69

求得：通過這樣的置閏規則，陰陽兩曆，每十九年僅相差 0.09 天

公式：6939.69-6939.60=0.09

置閏如何決定安插在哪一個月

殷周時期，置閏尚未建立體系，因此閏月通常置於年末，稱名「十三月」；春秋戰國時期置閏體系建立，採「十九年七閏」，以十九年為週期，在固定位置安排閏月；西漢太初曆採無中氣的月份做為置閏（閏月）標準，這麼做的目的是依照月首及月中各分 12 節使用；置放月首為「節氣」；置放月中為「中氣」；合 為二十四節氣，即稱一歲（年）。

一歲有二十四節氣；當中含十二中氣及十二節氣，月中乃為中氣；月首乃為節氣，沿用迄今，規則如下：

一、農曆規定每一個農曆月份中必定要有一個「中氣」<詳見表 2>：

春分對應在農曆正月；

春分對應在農曆二月；

穀雨對應在農曆三月；

小滿對應在農曆四月；

夏至對應在農曆五月；

大暑對應在農曆六月；

處暑對應在農曆七月；

秋分對應在農曆八月；

霜降對應在農曆九月；

小雪對應在農曆十月；

冬至對應在農曆冬月；

大寒對應在農曆臘月。

表 2 節氣與中氣對應

月份	正月	二月	三月	四月	五月	六月	七月	八月	九月	十月	冬月	臘月
節氣	立春	驚蟄	清明	立夏	芒種	小暑	立秋	白露	寒露	立冬	大雪	小寒
中氣	雨水	春分	穀雨	小滿	夏至	大暑	處暑	秋分	霜降	小雪	冬至	大寒

表 3 西元 2023 年置閏説

曆別	節氣（月首）	公曆	中氣（月中）	公曆
2023/01/22 - 2023/02/19　農曆 正月 初一至二十九	立春	2 月 4 日	雨水	2 月 19 日
2023/02/20–2023/03/21　農曆 二月 初一至三十	驚蟄	3 月 6 日	春分	3 月 21 日
2023/03/22 - 2023/04/19　農曆 閏二月 初一至二十九	清明	4 月 5 日	無中氣，則置閏	
2023/04/20 - 2023/05/18　農曆 三月 初一至二十九	立夏	5 月 6 日	穀雨	4 月 20 日
2023/05/19 - 2023/06/17　農曆 四月 初一至三十	芒種	6 月 6 日	小滿	5 月 21 日
2023/06/18 - 2023/07/17　農曆 五月 初一至三十	小暑	7 月 7 日	夏至	6 月 21 日
2023/07/18 - 2023/08/15　農曆 六月 初一至二十九	立秋	8 月 8 日	大暑	7 月 23 日
2023/08/16 - 2023/09/14　農曆 七月 初一至三十	白露	9 月 8 日	處暑	8 月 23 日
2023/09/15 - 2023/10/14　農曆 八月 初一至三十	寒露	10 月 8 日	秋分	9 月 23 日
2023/10/15 - 2023/11/12　農曆 九月 初一至二十九	立冬	11 月 8 日	霜降	10 月 24 日
2023/11/13 - 2023/12/12　農曆 十月 初一至三十	大雪	12 月 7 日	小雪	11 月 22 日
2023/12/13 - 2024/01/10　農曆 冬月 初一至二十九	小寒	1 月 5 日	冬至	12 月 22 日
2024/01/11 - 2024/02/09　農曆 臘月 初一至三十			大寒	1 月 20 日

二、以 2023 年置閏說明：

「朔望月」的週期為 29.53 天；大月 30 天，小月 29 天，按「朔望月」所排出來的農曆二月，就有一個輪不上任何「中氣」，而這個沒有「中氣」的農曆月份就定為前一個農曆月的「閏月」。由於它沒有月名，所以沿用前一個月的月名，稱為閏「二」月＜詳見表3＞。

從農曆的編算法則和概念，可發現與天象密切相關，所以因制定曆法觀測者所在位置而有所影響。現代農曆主要以東經 120 度為基準來制定，其置閏規則則為：

1. 觀測日、月位置來訂出每月初一（朔），兩朔之間則為一農曆月；

2. 冬至那一天的月份指定為農曆十一月；

3. 若從某個十一月到下一個十一月（不含）之間有 12 個農曆月，則不置閏；

4. 若從某個十一月到下一個十一月（不含）之間有 13 個農曆月，則置閏。

先秦時期曆法

中國自殷商以來，曾有過「物候授時」與「星象授時」之天文觀測與應用實踐經驗，這些經驗雖多出於後人記載與撰述，然而通過近代甲骨考古研究與分析參證，我們能從古代部落遺跡或出土器物中考證關於文字、甲骨、獸骨、青銅器等任何能夠記載、記述文明的標誌，能較完整地建構古人對時間的觀念，再利用現代天文觀測紀錄去驗證古籍所記載之天象亦有吻合之處。

中國現代甲骨學者常玉芝先生，根據河南安陽殷墟出土殷商甲骨文研究認為「殷商時期行用的是以太陰紀月、太陽紀年的太陰太陽曆，亦即陰陽合曆」，殷曆以大火星昏見南中為歲首；月有大小相間安排亦有大小月

相連的現象，說明殷曆採太陰月；殷曆設有年中置閏，也曾在年末置閏，這樣做的目的是能夠隨時觀測天象及物候來加以調整。

　　夏商兩代對於曆局與太史星官記載甚少，至今無法查得細節；西周時期官方天文曆局已朝制度化建置，官員責分兩類，分管天文與曆算，以天、地、春、夏、秋、冬命任官員分別執掌天象測候、制定曆法與告朔、敬授民間用時；從物候授時到觀象授時的分界則為西周與春秋之交。

　　春秋戰國時期，周室式微，各地諸侯紛紛崛起，社會、政治、經濟的深刻變革促進了曆法制度的變化，執政的統治者也為了適應新的形勢，陸續頒布新的曆法。從立法者所推行的政策來看，是古人從被動觀象授時走向主動推步製曆的重要轉折。

中國現存最早的曆書 --《夏小正》

　　「夏小正」是一本記錄夏朝物候的農時曆書，成書時間約莫在西漢時期，內容主要記錄節氣和物候的變化。「夏小正」三字，意涵皆不同。「夏」出自上古典故，史傳聖賢大禹治水有德，繼天子國號封「夏」告頒「夏時」於邦國。古用小「正」同「政」之本意。小正者亦即農事也。

　　《大戴禮記》中，收錄〈夏小正第四十七〉云：「正月啟蟄，言始發蟄也。」造書者以五日為候，三候為氣，六氣為時，四時為歲，每歲二十四節氣共七十二候：「是漢初尚未有五日一候之說也，惟《逸周書‧時訓解》分五日一候為七十二候。立春之日東風解凍。又五日蟄蟲始振。又五日魚上冰。雨水之日獺祭魚。又五日鴻雁來。又五日草木萌動。驚蟄之日。桃始華。又五日倉庚鳴。又五日鷹化為鳩。春分之日。元鳥至。又五日雷乃發聲。又五日始電。清明之日。桐始華。又五日田鼠化為鴽。又五日虹始見。穀雨之日。萍始生。又五日鳴鳩拂其羽。又五日戴勝降于桑。立夏之日。螻蟈鳴。又五日蚯蚓出。又五日王瓜生。小滿之日。苦菜秀。

又五日靡草死。又五日小暑至。芒種之日。螳螂生。又五日鵙始鳴。又五日反舌無聲。夏至之日。」

　　現今研究認為，夏代年代學研究主要遵循兩條途徑，一是文獻中對於夏年的記載，二是對夏文化探討的主要對象河南龍山文化晚期以及二里頭文化進行碳 14（^{14}C）測年，並參照文獻中有關天象紀錄的推算。根據夏商周斷代工程簡本內容指出，「夏小正」的內容確實大多反映出夏時代 - 物候認知與授時階段，記載每月物候以及農事、生產指導等實際情況；亦有中國學者研究認為，「夏小正」為十月《太陽曆》，主要是根據書中記載夏代每月與每日觀測參星所在位置；北斗斗柄指向規則；物候與節氣等多方面的特徵以作參證。

　　書中對於農曆七月的天象描述得特別詳細，除了銀河的走向和北斗的指向之外，又刻意提到織女星象。然而在滿天繁星中，織女星同其他星星一樣，除了在夏秋之交比較明亮之外，並無特異之處。為什麼古人獨獨對這顆星星情有獨鍾，替它命名，賦予他生動的故事呢？

　　農曆七月處在夏秋之交，在時令上特別重要。這個時候的淮海地區暑氣漸消，涼風乍起，天氣開始變涼，女子開始忙碌，紡線織布準備寒衣，迎接即將到來的素秋和嚴冬。此時，織女星恰恰升到了一年當中的最高點，恰似照耀著人間紡織娘，於是被賦予了織女的名稱，彷彿成了人間織女的守護神。

古六曆與四分曆術

　　「古六曆」意指戰國時期不同諸侯國所行用六部曆法的總稱，由於延傳後世的曆書資料並不多見，現今內容相傳為漢朝學者著證古籍並結合實踐經驗而補充修訂寫成。

　　「四分曆術」正是「古六曆」所使用推步與測算的方法，是中國古代

曆算首次採用實測回歸年以及朔望月週期為測算的曆術，比起「星象曆」以觀測星象所得規律來列入測算的方法更為科學，對後代的曆算推步有深刻影響。

　　根據後漢書《律曆志》、《次度》記載，四分曆術的基本規則如下：

1. 一回歸年長度為 365 1/4 日；1/4 日記在斗宿末，是為斗分，如此一來正好把一日四分，稱「四分曆術」；

2. 一朔望月長度為 29 499/940 日；

3. 設置十九年七閏法調和節氣；

4. 冬至點標定在「牽牛」初度；立春點太陽位於「營室」五度。

　　學界普遍認為，後漢書《律曆志》、《次度》所記載的是戰國初期（西元前 450 年左右）可見天象。尤以《次度》所記錄二十八星宿、二十四節氣和十二月，彼此天文常數之調和，能夠不受建正與歲首不同制定的影響，還能夠提供制定陰陽合曆所需數據。西元前 221 年，秦王朝建立後，頒行《顓頊曆》作 全國使用的曆法，其餘曆書現今以大多無法考證。

漢朝時期曆法

　　兩漢之際，先西後東。西漢為昌；東漢為勇，史稱漢朝時期。漢高祖劉邦登位（西元前 202 年），建立西漢王朝，同年五月，酌參內臣張良與齊國軍士婁敬等臣子奏議後，自洛陽都城改遷咸陽新址，祈願王朝長久，國運安治，即改名長安。

　　西漢初年，乃中國曆法改革起步階段，高祖劉邦出身農家，熟悉節氣物候，建立朝廷治理章程，顧及王朝一統過程征戰不休，今朝已定，為使社會、環境、經濟之安定，即改革秦朝法政制度，治頒道家無為而治，休養生息。為告頒新朝曆日於諸侯與民間，酌參秦朝時任御史，理學家張蒼，輔校修《九章算術》行用於國政民生；《史記》載：「漢既初定，文理未明，

蒼 主計，整齊度量，序律曆。」定以《古顓頊曆》為舊用，與秦朝行頒《顓頊曆》之差別在於，當時最可能行用借499/940日進朔法，歲首同建亥十月，歲末九月；十月朔日即舉辦一年開始之慶典；閏月置放歲末九月之後，為年終置閏的標誌。漢高祖、呂太后、漢文帝、漢景帝各本紀中，史事發生年月之排序乃依照冬、春、夏、秋而訂。

　　眼尖的讀者，可能已經發現，「冬、春、夏、秋」與二十四節氣的順序有所不同，正是因為《古顓頊曆》行用到西漢初年已達數百年，曆術與天象已無法同步，造成「朔晦月見 . 弦望滿虧，多非是」的曆法誤差，即古稱，「初一見到月亮，十五月亮不圓」，嚴重影響朝廷告朔與民間百姓生活，為了解決這個問題，由太史令司馬遷等科學家上奏帝書曰：「曆紀廢壞，宜改正朔」。元封七年，漢武帝接納奏書，即下詔改曆，並定元封七年始為太初元年。

古顓頊曆											
季節	冬			春			夏			秋		
月別	歲首十月	十一月	十二月	正月	二月	三月	四月	五月	六月	七月	八月	歲末九月
現代農曆											
季節	春			夏			秋			冬		
月別	正月	二月	三月	四月	五月	六月	七月	八月	九月	十月	冬月	臘月

西漢初期《古顓頊曆》與現代《農曆》行頒月份比較

值得注意的是，在太初改曆前，歷朝歷代的科學家主要依靠兩個基本天文常數來編制曆法，其一是觀測日影長短來測算出歲實（回歸年）的長度為 365 1/4 日，其二是以十九年七閏法求得閏週（235 個朔望月）。通過歲實與閏週這兩個天文常數，便能推算出一朔策的長度（朔望月）為 29 499/940 日。

在根據日月運行來調配干支，計算歸復原始數據的最小公倍數，根據復原要素的多少，由小到大，形成章、蔀、紀、元等曆法週期。經過「一元」（4560 年），所有要素均歸復推算起點時的狀態。太初改曆就遇到了這樣一個天象回歸曆元的契機。

現存最早最完整的曆法 - 西漢《太初曆》

《太初曆》是中國第一部有完整文字記載的曆法，也是當時世界上最先進的曆法，對後世影響深遠。

《太初曆》的推算建立在天文觀測數據的基礎上，形成了一個完整的系統。這個系統是以地球為中心的宇宙週期系統，是定性與定量相統一的系統，稱為「落下閎系統」，共有 10 個基本的週期：回歸年週期、置閏週期、日食週期、干支年週期、干支日週期、木星會合週期、火星會合週期、土星會合週期、金星會合週期、水星會合週期。

《太初曆》規定一年等於 365.2502 日，一月等於 29.53086 日，所以稱八十一分法或八十一分律曆；將原來《古顓頊曆》以十月為歲首改為以正月為歲首，開始採用有利於農時的二十四節氣，在配合十九年七閏法之下以沒有中氣的月份為閏月，調整太陽週天與陰曆紀月不相合的矛盾。這是中國曆法上一個劃時代的進步。

　　為了將曆法與天時合拍，推算時令與節氣，因此《太初曆》必須重新進行天象觀測與數術測算才能確定新的曆元與歲首，新告曆書。所謂曆元，是指曆法的起算年份，基本規則如下：

- 冬至為一年之始
- 朔旦為一月之始
- 夜半為一日之始
- 甲子日為干支紀日週期之始

　　預設「某日」為吉日，吉日恰逢「甲子日」，吉日「夜半時刻」逢冬至與合朔，此吉日「夜半時刻」便為曆法計算之起點，此刻即稱「曆元」。

　　西元前 104 年（元封七年）農曆十一月初一恰好是甲子日，恰交冬至節氣，是一個千載難逢的好機會。農曆五月，漢武帝命公孫卿、壺遂、司馬遷等人議造漢曆，並徵募民間天文學家 20 餘人參加，其中包括治曆鄧平，長樂司馬可，酒泉郡侯宜君，方士唐都和巴郡落下閎等人。他們或作儀器進行實測，或進行推考計算，共提出了 18 種方案。對這 18 種改曆方案，專家們進行了一番辯論、比較和實測檢驗，最後選定了鄧平和落下閎提出的八十一分律曆。

　　漢武帝責令元封七年改為太初元年，並規定以十二月底為太初元年終，以後每年都從孟春正月開始到季冬十二月結束。

《太初曆》的最大貢獻者 -- 落下閎

　　根據史書的記載，《太初曆》制定的最大貢獻人是落下閎。他具體負責計算日、月、五星（木星、火星、土星、金星、水星）運轉的各種週期，以及這些「週期」的最小公倍數。落下閎推算曆法的資料，必須在實測天象資料的基礎之上。於是，他製作「赤道式渾儀」，實際測定二十八宿的赤道距度（赤經差）。根據實際測量和觀測記載資料，落下閎第一次提出

交食週期，以 135 個月為「朔望之會」，即認為 11 年應發生 23 次日食。

落下閎首次將二十四節氣完整地納入曆法，建立二十四節氣與二十八宿的聯繫，「節氣」是時間概念，可以精確到某時刻；「宿」（星座）可知太陽的位置，是空間概念，能精確到度，大幅提升曆法的精準度。在數十年的觀測中，落下閎深刻知道「太陽運行到二十八宿的哪個位置應對應大地的哪個節氣」，於是，他才可能在《太初曆》中規定：以沒有「中氣」的月份為閏月，使得二十四節氣在曆書的安排更為接近太陽在實際位置。

同時，這種置閏的方法（包括十九年七閏），可讓以朔望週期來定月所形成的一年（12 個月或 13 個月）與太陽回歸年平均長度更為接近，調節了日月的運行規律。用現代物理學的語言說，就是將時間與空間聯繫起來，將太陽運行的週期與月球的相位變化協調。

劉歆與西漢《三統曆》

《三統曆》出自西漢末年，漢成帝時期（51~7 B.C.），是中國第一部曆術得以流傳後世的曆譜，收錄於《漢書 ‧ 律曆志》。其書不僅文字記載完整，曆術也詳載於史冊，尤其以「上元積年法」影響後世深遠，一直到九百多年後元朝進行曆術改革才將之廢除。

《三統曆》採用太初曆的基本數據與計算方法，並試圖通過「統術」、「紀術」和「歲術」來建構一個科學曆算系統，主要功能是測算節氣、朔望、月食及五星等天文常數，以此推算恆星彼此間的距離。

根據《太初曆》觀測天象與推算結果，曆元以農曆十一月初一（合朔），恰交冬至節氣當天的夜半時刻開始計算，過了 1539 年之後，冬至節氣與合朔首度循回到曆元當天的時間；並且再經過三個 1539 年之後，冬至與合朔將二度回到曆元當天的時間。

劉歆所提曆法改革，則主張每 1539 年的週期應稱為「一統」；第二

個 1539 年則為「二統」；第三個 1539 年就是「三統」。三統之中，再融合董仲舒天道循環的三統說思想，將黑統（天）指為夏朝，白統（地）指為商朝、赤統（人）指為周朝。劉歆認為：「三統者，天施、地化、人事之紀也；三統合於一元…；天施復於子；地化自醜，畢於辰；人生自寅，成於申…；故數三統，天以甲子，地以甲辰，人以甲申。」其天文常數以三統合於一元：

- 一元等於三統，合於 4617 年。
- 一統等於八十一章，合於 1539 年。
- 一章等於十九年，合於 235 月。
- 一朔望月等於 29 43/81，合於 =2392/81 日

東漢《乾象曆》

　　《乾象曆》是東漢科學家劉洪的著作，確立了很多曆法概念和經典的曆算方法，使傳統曆法面貌為之一新，對後世曆法測算產生了深遠的影響，譽為「劃時代的曆法」。

　　劉洪是魯王宗室，青年時期即任校尉之職，這對於施展他的政治抱負和潛心研究天文曆算有著得天獨厚的條件。約西元 160 年，劉洪被調到執掌天時和星曆的機構任職，為太史部郎中。在此後的十餘年中，他積極從事天文觀測與研究工作，這為劉洪後來在天文曆法方面的造詣奠定了堅實的基礎。

　　劉洪任職太史部郎中期間，與蔡邕等人一起測定了二十四節氣時太陽所在恆星間的位置，太陽距天球赤極的距離，正午時的日影，晝夜時間的長度以及昏旦時南中天所值的二十八宿度值等 5 種不同的天文常數。這些觀測成果被列成表格收入東漢四分曆中，依據這一表格可以用一次差內插法分別計算任一時日的上述 5 種天文量。

　　從此，天文數據表格及其計算成為中國古代曆法的傳統內容之一。劉洪參與了開創這一新領域的重要工作，這也是他步入天文曆法界的最初貢獻。在劉洪以前，人們對於朔望月和回歸年長度值已經進行了長期的測算工作，取得相當好的數據。

　　但劉洪發現，依據前人所使用的這兩個數值推得的朔望弦晦以及節氣的平均時刻，長期以來普遍存在滯後於實際的朔望等時刻的現象。經過數十年的潛心求索，劉洪大膽地提出東漢《四分曆》所使用的朔望月和回歸年長度值均偏大的正確結論，對先前曆法延遲於實際天象，並參照東漢《四分曆》與《乾象曆》兩者所觀測天文常數提出了合理的解釋，《晉書・律曆志》中記載：「漢靈帝時，會稽東部尉劉洪，考史官自古迄今歷注，原其進退之行，察其出入之驗，視其往來，度其終始，始悟《四分》於天疏闊，皆斗分太多故也。更以五百八十九為紀法，百四十五為斗分，作《乾象法》。」即將《四分曆》斗分，由原來的四分之一改為五百八十九分之一百四十五，天文基本常數如下：

1. 一回歸年長度為 365 145/589 日，合於 215130/589 日，等於 365.24617 日，誤差從東漢四分曆的 660 餘秒降至 330 秒左右

2. 一朔望月長度為 43026/1457 日，合於 29 773/1457 日，誤差從東漢四分曆的 20 餘秒降至 4 秒左右

3. 東漢《四分曆》與《乾象曆》兩部曆法誤差約為每 250 年相差 1 日
東漢四分曆天文基本常數為：

● 歲實：即一回歸年長度為 365 1/4 日，等於 365.25 日。

● 朔策：即一朔望月長度為 29 499/940 日。

● 一章：即十九年。

● 四章：即七十六年，合為一蔀。

● 二十蔀：即一千五百二十年，合為一紀。

● 三紀：即四千五百六十年，合為一元。

劉洪大約是從考察前代交食記錄與自己對交食的實際觀測結果入手，即從古今朔或望時刻的釐定入手，先得到較準確的朔望月長度值，然後依據十九年七閏的法則，推演出回歸年長度值。由於劉洪是在這兩個數據的精度處於長達 600 餘年的停滯徘徊狀態的背景下，提出他的新數據，所以這不但具有提高準確度的科學意義，也因為突破傳統觀念的束縛，並通過觀測與測算求得月球繞地球公轉的軌道為橢圓運動，當月球臨在近地點，月球於軌道上的運動速度增快，反之遠離近地點，鄰近遠地點，運動速度則減緩。求得月球的運動並非勻速旋轉，古代即稱「月行遲疾」。此觀測成果也提供之後的科學家在研究曆法實測的基礎上，力求合乎天體運行的真實情況。

劉洪開拓嶄新的曆算道路，體現古代科學家實證求真的科學態度，以實證天象來做出曆算，合則行之，不合即改之，在曆術上保有靈活與彈性的合天狀態，儘管《乾象曆》最終因東漢王朝覆滅而未能頒行，但對後世曆算的發展依舊產生了巨大的影響。

漢朝天文學巨著《靈憲》與張衡

《靈憲》是漢朝天文學巨著，由張衡在擔任太史令任內，累積多年的實踐與理論研究而成。該書描述了天地的生成、宇宙的演化、天地的結構、日月星辰的本質及其運動等諸多重大課題，將漢朝的天文學水準提升到了一個前所未有的新階段。

《靈憲》論述了宇宙的起源和結構，與關於天地的生成問題，認為天地萬物是從原始的元氣發展來的。元氣最初渾沌不分，後來才開始分離清濁，清氣和濁氣相互作用，便形成了宇宙。清氣所成的天在外，濁氣所成的地在內。這種天體演化思想，是從物質運動的本身來說明宇宙的形成，

認為宇宙結構不是亙古不變的，而是不斷發展變化的。這些觀點與現代宇宙演化學說在基本原理上是相通的。

　　張衡把天比作一個雞蛋殼，把地比作蛋殼中的雞蛋黃，但他並不認為硬殼是宇宙的邊界。關於宇宙的有限性和無限性，一直就是古今中外天文學界長期爭論的一個問題。張衡在撰寫《靈憲》時，受到了揚雄《太玄經》中一些天文觀點的影響，但在宇宙的無限性上卻沒有遵循揚雄觀點，而是自有見解。張衡認為「過此而往者，未之或知也。未之或知者，宇宙之謂也。宇之表無極，宙之端無窮」，表示人們視力所及的宇宙世界是有限的，但在人們目之所及之外是無窮無盡，無始無終的宇宙。這段話明確地提出了宇宙在時間和空間上都是無窮無盡的思想。

　　張衡實測出日、月的角直徑是整個周天的 1/736，轉換為現行的 360 度，相當於 29'21"，這與近代天文測量所得的日和月的平均角直徑值 31'59" 和 31'5" 相比，絕對誤差僅有 2'。

　　以兩千多年前的科學技術水準及觀測條件來說，這個數值可以說是相當精確的。張衡在《靈憲》中對月食產生的原因進行了論述，書中寫道：「月光生于日之所照；魄生于日之所蔽。當日則光盈，就日則光盡也」。該段文句表示月亮本身是不發光的，太陽光照到月亮上反射後才產生了月光。月亮之所以出現有虧缺的部分，就是因為這一部分照不到日光。所以，當月和日正相對時就出現滿月。當月向日靠近時，月亮缺口就越來越大，終至完全不見。由此可知，張衡對月食原因的闡述是很科學的。

　　張衡對前人留傳下來的好幾種星表作了整理，建立了恆星數量多達三千的新星表。據《靈憲》記載，其中「中外之官常明者百有二十四，可名者三百二十，為星二千五百，而海人之佔未存焉」。

　　張衡所製星表，不僅大大超越前人，也為後世所不及。漢末喪亂，張衡所製星表失傳。晉初陳卓建立的星表，有星 1464 顆，僅為其半。直到清

康熙年間，用望遠鏡觀察，方過三千之數。由此可見，張衡星表的亡佚，
是中國天文史上的重大損失。

　　張衡還提出：日、月、五星是在天地之間運行，而非在天球壁上運
行。並且，這七個天體運動的速度各不相同。「近天則遲，遠天則速」，
所謂「天」是指構想中的天球壁，也就是說距地近則速度快，距地遠則速
度慢。按照五星距地的遠近及運行速度，他將五星分為兩類：水、金二星，
距地近，運動快，附于月，屬陰；火、木、土三星，距地遠，運動慢，附
于日，屬陽。他繼承傳統，將星體運行方向分為順行、留和逆行，雖然這
種觀點是錯誤的，但他嘗試追索天體運動的力學原因的探求方向卻無疑是
正確的。

　　張衡雖然還不知道行星，包括地球都是繞太陽而行的，但他確實已經
發現行星運動的速度與運轉中心體的距離有關。可惜，這種正確的思想沒
有引起後世的足夠重視，而在很大程度上限制了中國天文學的發展。直到
17世紀，克卜勒在哥白尼太陽系學說的基礎上，指出行星運動的三大規律，
而其中之一，便是行星速度和公轉週期決定於行星與它運轉中心體太陽之
間的距離。

東漢末至隋代之《景初曆》

　　自漢末董卓之亂起到隋封建帝國的建立，近四百年的時期內是中國歷
史上最長的動亂時期，政權更迭頻繁，政局不穩。東漢末年，後漢王朝滅
亡，天文機構亦遭毀壞，天文曆算工作停擺。

　　劉洪雖制定出《乾象曆》這部優秀曆法，但隨著漢靈帝駕崩，終未能
頒步實行。三國初期，平定董卓之亂後，魏蜀繼承漢朝正統，沿用東漢《四
分曆》；反之，吳國沒有漢室正統之束縛，率先實行劉洪編制《乾象曆》。

　　魏景初元年（西元237）改頒用《景初曆》。編曆者為楊偉，主要成

就在於日月食的預推方面，是中國歷代曆法首次分別利用日食來推算太陽在黃道上的位置；以月食推算月亮在白道上的位置，並在日月食交會的點，訂出因月行遲疾的範圍，楊偉成功把握日月星辰的天體運動規律，將曆法推算結果與實際天象吻合，如果與今日所觀測的數值相比可見當時科學的進步。

《景初曆》五星參數

《景初曆》與《乾象曆》相同採十九年七閏，並測定斗分，推定紀法所採用的歲實與朔策更精確於東漢《四分曆》也近似於《乾象曆》，其基本天文常數如下：

- 歲實：即一回歸年長度為 365 455/1843 日，等於 365.24688 日。
- 朔策：即一朔望月長度為 29 2419/4559 日，等於 29.53059882 日
- 近點月：27 2528/4559 日，等於 27.55451 日

晉統一中國後，始建晉朝，沿用《景初曆》，唯名稱改《泰始曆》；訂泰始元年（西元 265），實行用至南北朝，制曆有二十多家。南朝劉宋遂改《泰始曆》名為《永初曆》，實行用至西元 444 年，被《元嘉曆》取代；北魏則實行用至 451 年，直到被《玄始曆》取代。

通率日行		恆星週期（日）		會合週期（日）	
		《景初曆》	現代	《景初曆》	現代
金星				584.088	583.92
木星	0.08446	4324.381	4332.59	398.942	398.88
水星				115.873	115.88
火星	0.53222	686.266	686.98	780.815	779.94
土星	0.03398	10747.520	10759.2	378.096	378.09

曆法史上著名的新曆 --《大明曆》與祖沖之

在天文學方面，祖沖之創制了中國曆法史上著名的新曆《大明曆》，首次引用了歲差，是中國曆法史上的一次重大改革。

祖沖之（425~500）是南北朝時期傑出的數學家，科學家。祖沖之的家族對天文曆法素來就有研究，因此祖沖之從小就有機會接觸天文、數學等方面的知識。祖沖之因青年時博學多才的名聲，宋孝武帝派他到「華林學省」做研究工作，華林園乃是國家藏書講學之所，這是他開始科學研究的重要一步，在包含《春秋四分曆》、《太初曆》、《後漢四分曆》、《玄始曆》、《元嘉曆》等的研究中，他從驗證中發現《玄始曆》中，雖並未使用十九年七閏的舊章法，是因為十九年七閏，閏數過多，在二百年內，就要比實際多出一天來。祖沖之開始思索這樣的問題，為了要進一步提高曆法的精度，他用實際觀測得來的數據，再一次測算《玄始曆》與他所新創 391 年 144 閏法互相驗證後，《大明曆》參證精確於《玄始曆》與《四分曆術》。

經過艱苦的努力，祖沖之發現：由於冬至前後的影長變化不太明顯，再加上用漏壺來表示的時間並不那麼準確，這給冬至時刻的準確測定帶來了困難。他總結失敗的教訓想出了一個新方法：不直接測量冬至那天日影的長度，而是觀測冬至前後 23~24 天的日影長度，再取它們的平均值，求出冬至發生的日期和時刻。因為離開冬至日遠些，日影的變化就快些，所以這一方法提高了冬至時刻的測定的精度。後來，祖沖之用圭表測定了回歸年的長度後，又用渾儀等測角器測定太陽在恆星間的位置，開始研究太陽一年中運動的快慢變化和測定冬至點逐年變化的數值。

他根據自己的實際量測和計算結果，證實了歲差現象確實存在，同時還求出冬至點每一百年向西移動 1 度。這是曆法史上的一個創舉，揭開了中國曆法改革的嶄新一頁。這些觀測數據為祖沖之創制《大明曆》打下了

基礎。

　　西元 462 年，《大明曆》終於得以頒行，這是當時最科學的曆法。祖沖之制定的《大明曆》歲實採取 365 9589/39491 日，與現代天文學所測結果，一年僅僅只有 60 萬分之 1 的誤差，在那個時代是一項卓越的貢獻。

- 歲實：即一回歸年長度為 365 9589/39491 日，等於 365.2428148186 日。
- 朔策：即一朔望月長度為 29 2090/3939 日，等於 29.53059152 日。

　　此外，所謂交點月就是月亮連續兩次經過「黃道」和「白道」的交叉點的前後相隔時間。黃道是我們看到的太陽運行的軌道，白道則是月亮運行的軌道。交點月的日數是可以推算得出來的，祖沖之測得的交點月的日數是 27.21223 日，與近代天文學家所測得的交點月的日數 27.21222 日已極為近似。由於日蝕和月蝕都是在黃道和白道交點的附近發生，所以推算出交點月的日數以後，就更能準確地推算出日食或月食發生的時間。

具有里程碑意義《皇極曆》與劉焯

　　《皇極曆》首次考慮到太陽和月亮視運動的不均勻性，創立了等間距二次差內插法，並以此計算太陽於軌道上的位置，以測算定氣與定朔的時刻，這麼做的目的是預報日月交食所使用。後代科學家在計算日月、五星運動使用的內插法多繼承《皇極曆》的方法並繼續發展，並以此法對於古中國天文學和數學史帶來深遠的影響。

- 歲實：即一回歸年長度為 365 11406.5/46644 日，等於 365.2445438 日。
- 朔策：即一朔望月長度為 29 659/1242 日，等於 29.530595813 日。

　　劉焯（544~610）為隋朝科學家。劉焯自幼聰敏好學，少年時代曾與河間景城人劉炫為友，兩人一同尋師求學。後師從大儒劉智海門下，寒窗十載，使劉焯成為飽學之士，以儒學知名受聘為州博士，與劉炫當時並稱「二劉」。隋文帝開皇年間，劉焯中秀才。這時劉焯已年近四十，雖然官

微位卑，還是積極參加了曆法論爭。這一年，他獻上了苦心鑽研和實測而得的新曆法《皇極曆》。

　　可是，隋文帝卻頒用了寵臣張賓所獻的《開皇曆》。劉焯即與當時著名的天文學家劉孝孫一起反對張賓之曆，指出該曆不用歲差法、定朔法等六條重大失誤。但事與願違，卻因此被扣上「妄事相扶證，惑亂時人」的罪名被調到門下省。劉焯曾再被召用，又再被罷黜。兩次挫折，先後寫出《曆書》、《五經述義》等若干卷，名聲大振。隋煬帝即位，劉焯被重新啟用，任太學博士。劉焯於西元 600 年嘔心瀝血造出了《皇極曆》雖未被採用。但他對天文學的研究，達到很高水平。唐初李淳風依據《皇極曆》造出的《麟德曆》被推為古代名曆之一。

小知識 - 劉焯在科學上的三大貢獻

　　在《皇極曆》中，劉焯首次考慮視運動的不均勻性並主張改革推算二十四節氣的方法，廢除傳統的平氣，使用他創立的定氣法。這些主張直到 1645 年才被清朝頒行的《時憲曆》採用，從而完成了中國第五次，也是最後一次大改革。

　　劉焯力主實測地球子午線。源起於史書記載，南北相距 1 千里的兩個點，在夏至的正午分別立一八尺長的測桿，它的影子相差一寸，即「千里影差一寸」說。劉焯第一個對此謬論提出異議。後於西元 724 年，唐代張遂等才實現了劉焯的遺願，並證實了劉焯立論的正確性。

　　劉焯假定太陽視運動的出發點是春分點，一年後太陽並不能回到原來的春分點，而是差一小段距離，春分點遂漸西移的現象叫歲差。劉焯較為精確地計算出歲差，定出了春分點每 75 年在黃道上西移度。而此前東晉科學家虞喜算出的是 50 年差 1 度，與實際的 71 年又 8 個月差 1 度相比，劉焯的計算要精確的多。唐宋時期，大都沿用劉焯的數值。

唐朝大衍曆 -- 一行禪師科技成就

　　一行禪師（673~727）本名張遂，河北鉅鹿人，是唐代著名的科學家。一行自幼聰穎過人，有過目不忘的本領，以學識淵博而聞名於長安。唐玄宗時，一行禪師受命編寫新的曆法。他準備開始觀測天象的時候，發覺當時所用的天文儀器都已經陳舊腐蝕，不堪使用。他便立刻重新設計，製造了大批天文儀器，還組織了世界上第一次大規模的子午線長度測量工作。

　　西元 725 年（開元十三年），一行禪師開始編曆，名為《大衍曆》。這是一部具有創新精神的曆法，主要因為一行禪師通盤研究了歷代曆法的編算結構，歸納成七篇；同時正確地掌握了太陽在黃道上運動的速度與變化規律。

　　自漢代以來，歷代天文學家大都認為太陽在黃道上運行的速度是均勻不變的。一行禪師採用了「不等間距二次內插法」推算出每兩個節氣之間，黃經差相同而時間距卻不同。這種算法基本符合實際，在天文學上是一個巨大的進步。不僅如此，一行禪師還應用內插法中三次差來計算月行去支黃道的度數，還提出了月行黃道一周並不返回原處，要比原處退回一度多的科學結論。《大衍曆》對中國天文學的影響很大，直到明末的天文學家們都採用這種計算方法，並取得了好的效果。

　　一行禪師為了測量日月星辰在其軌道上的位置和掌握其運動規律，與梁令瓚共同製造了觀測天象的「渾天銅儀」和「黃道遊儀」。「渾天銅儀」是在漢代張衡的「渾天儀」的基礎上製造的，上面畫著星宿，儀器用水力運轉，每晝夜運轉一周，與天象相符，還裝了兩個木人，一個每刻敲鼓，一個每辰敲鐘，其精密程度超過了張衡的「渾天儀」。「黃道遊儀」的用處是觀測天象時可以直接測量出日月星辰在軌道的坐標位置。一行禪師使用這兩個儀器，有效地進行了天文學的研究。

　　《大衍曆》集曆法、易學、數學、科學知識之大成，用以測定

一百五十餘顆恆星位置，發起在全國十二個地點作天文觀測，並根據南宮說等人的測量數據，算出相當於子午線緯度長度，是當時世界上最先進的曆法，因而一行禪師與張衡、祖沖之、李時珍受封為中國「四大科學家」。

小知識 - 測量子午線

　　西元 724 年（開元十二年），一行禪師修改舊日曆法的準備工作已經完成了許多，於是開始著手測量子午線的長度。一行的測量工作以河南為中心，北至內蒙古，南至廣州以南，廣泛收集數據，以求測出當地北極星的高度和冬至、夏至、春分、秋分四天正午時日影的長度，並最終算出了：北極星高度相差一度，南北間的距離就相差 351 里 80 步，換算成現在的距離就是 129.22 公里，這正是子午線一度的長度。

　　一行禪師測量子午線，是一項規模宏大的系統工程，為後來的實地測量和天文學奠定了基礎。世界上所有的科學史研究者都認為，這次測量確實是一次富有創新精神的科學活動，給予它極高的評價。

曆法史上的偉大革命 -《十二氣曆》

　　《十二氣曆》出自北宋時期科學家沈括（1031~1095）所提出，《十二氣曆》的設置，正確地反映了一年中季節和寒暑交替的規律，對於指導農業和手工業生產有著重要的意義，亦是中國古代在曆法制度中的一項獨特創造。

　　中國古代曆法通篇主要圍繞陰陽合曆為治曆規則，同時為求合乎天序，更設置閏月的機制，以及注重調和歲、氣、朔、閏、日月交食與五星的推步，透過前人世代累積的觀測數據，滾動式修正曆術與曆算，以此體制演化推動了中國將近兩千多年觀測技術的可持續發展。

　　沈括進行了長期周密細緻的研究後提到，寒去暑來，萬物生長衰亡的變化，主要是按照二十四節氣編制的曆法制度。它把一年分為四季，每季分為孟，仲，季三個月，以立春那天為孟春之月的首日，大月 31 日，小月 30 日，一般大小月相間，一年最多有一次兩個小月相連。即使有「兩小相並」的情況，也不過一年中出現一次。有「兩小相並」的年份為 365 天，沒有的年份為 366 天。至於月亮的圓缺，雖與節氣無關，但為著某些需要，可在曆書上註明「朔」，「望」。這是一種純太陽曆的曆法制度，既與實際星象和季節相合，又便於各種生產活動。沈括十二氣曆的提出，是曆法制度一項根本性的變革，這是中國與世界曆法史上的一次革命性的突破，它既簡便又科學，既符合天體運行的實際情況，又十分有利於農事的安排，是中國古代曆法中的一個優秀代表。遺憾的是，在古代中國守舊思想極為嚴重的環境下，十二氣曆最終未能頒發實行。

　　沈括也為中國天文觀測與儀器技術的發展做出重要貢獻，尤其以《渾儀議》、《浮漏議》、《景表議》三篇科學論文更為後人所讚譽。

宋朝統天曆

　　北宋時期，天文學有長足發展。自宋真宗大中祥符三年（西元 1010）至宋徽宗崇寧五年（西元 1106）近百年間，北宋曾進行 5 次大規模的天文觀測，促進曆法編修的精確度。《統天曆》記載於《宋史.律曆志十五》由南宋天文學家楊忠輔所編製，屬於陰陽曆；於宋寧宗慶元五年（西元 1199）頒佈實行。這是第一部建立在系統、精密天文測量基礎上的曆法，在當時世界上也算是最先進的曆法。

　　《統天曆》有三項重要的改革：首先，反對把曆元與所謂的開天闢地之年相關連，而僅將其視為有關曆法問題的起算點，也反對牽強地讓一個龐大積年數設在統一起算點的做法，而是以多起算點的、直接與天合的實

測曆元法取代。

　　其次，《統天曆》中表示，回歸年長度並不是一個常量，而是在逐漸變化的，其數值是古大今小。按照現代理論表達的回歸年長度為：365.242198781—0.000006138t 式中 t 的單位是百年。即每過一百年，回歸年的長度減少 0.000006138 天或半秒多一點。

　　《統天曆》採一回歸年為 365.2425 日；一朔望月為 29.530594 日。是中國歷代曆法首先提出回歸年長度並不是常數，也是中國歷代曆法首部廢除上元積年並實施頒行的曆法。這不僅取代了在中國使用了長達七百年之久的祖沖之測量的回歸長度 365.2428 日，而且整個數值正是 400 年後，1582 年格里曆所採用，相同於今天全世界通用的西曆中所採用的回歸年數值。

　　這些改革的觀點、措施和傳統的觀念有很大的差別，為了防止招致傳統觀念的激烈反對，楊忠輔採取了技術性的措施加以處理，從而緩和了矛盾，使得《統天曆》得以正式頒行，取得了一定程度上的成功，而且，其中的曆元法，特別是七差值的設定，更是被元代郭守敬《授時曆》所採納，對中國古代天文曆法的研究產生了重大的影響。

元朝《授時曆》

　　《授時曆》出自元朝時期，由科學家王恂銜受王命，創制新曆，舉薦已告老的許衡，同楊恭懿，郭守敬等遍考四十多家曆書，從漢代的《三統曆》到宋代的《大明曆》，他們晝夜測驗，參考古制，創立新法，推算極為精密準確，研究總結了 1182 年，70 次改曆經驗，考察了 13 家曆律推算方法，前後三年派專人分赴全國四方，定點做日晷實地測量，至元十七年（西元 1280），王恂新曆法完成，根據古語「敬授人時」的說法賜名《授時曆》，至元十八年冬至頒行天下。

不僅如此，王恂進一步提出了招差法（即三次內插公式），並運用招差法推算太陽、月球和行星的運行度數；他又創造了「弧矢割圓術」，即球面直角三角形解法，用來處理黃經和赤經、赤緯之間的換算，使準確率大大提高。王恂雖沒有著作流傳，但世人對他的評價甚高，稱他「算術冠一時」。

《授時曆》自元朝初年（西元 1281 年）至明朝末年（西元 1644 年）共使用了 364 年，是中國歷代曆法行用時間最長的一部曆法。在曆術推算方面，取消了行用千年的「上元積年法」，選擇改以頒布曆法的那一年即為曆元，在根據實際觀測來確定冬至距離甲子日夜半的時間以及十一月平朔的時間；同時校正月球經過近地點與黃白道降交點等各項觀測數據，這些天文常數在當時是編制曆法非常重要的驗證依據。當時所採用的天文常數，個位數以下一律以 100 為進位單位，即用百進位式的小數制，取消日法的分數表達式，而是採取一日為 100 刻；一刻為 100 分；一分為 100 秒。並測算出一回歸年為 365.2425 天，一月為 29.530593 天，一年的 1/24 作為一個節氣，以沒有中氣的月份為閏月。

值得關注的是，《授時曆》所求得一回歸年的常數，比地球繞太陽一周的實際時間只差二十六秒，與現在國際上通行的格里曆的週期相同，但是格里曆比《授時曆》晚了整整三百年。

郭守敬的成就：天文儀器和編制曆法

郭守敬的祖父郭榮是金元之際一位頗有名望的學者，他精通五經，熟知天文和算學，擅長水利技術。郭守敬就是在祖父的教養下成長，並且在十五六歲的時候就顯露出了科學才能。

1276 年，元朝政府決定改訂舊曆，頒行元朝自己的曆法，下令組織曆局，調動了全國各地的天文學者，另修新曆。應老同學王恂的邀請，郭守

敬參加了新曆的修訂工作。為了修訂新曆，郭守敬共設計和監製了 12 種天文儀器，這些儀器設備推動了郭守敬的科學研究工作，也為天文發展做出了巨大的貢獻。

「簡儀」是郭守敬改良「渾儀」之後的代表作品。郭守敬將渾儀結構簡化，可同時提供兩位科學家進行觀測，觀測的內容則是針對赤道坐標系統與地平坐標系統。

「仰儀」則為郭守敬獨創，這件儀器是一個銅製的中空半球面，形狀像一口仰天放著的鍋，所以命名為「仰儀」。半球的口上刻有一圈的水槽，以便注入水用以校正儀器的水平。東西南北的方向，用一縱一橫的兩根竿子架著一塊小板，板上開一個小孔，孔的位置正好在半球面的球心上。太陽光通過小孔，在球面上投下一個圓形的光點，映照在所刻的線格網上，立刻可讀出太陽在天球上的位置。

通過科學的觀測結果，郭守敬梳理出兩項科學結論，其一是擬定曆元為至元十七年的冬至時刻為農曆十一月已未日夜半後六刻。其二是根據至元十五年戊寅歲的冬至時刻，從六朝劉宋大明六年壬寅年的冬至時刻起算，累計其中的積日與歲餘時刻，除以積年 816 年，測算出一回歸年長度為 365.2425 日，與今日西曆所測數值相同。

《曉庵新法》王錫闡

王錫闡（1628~1682），是明清之際的民間天文學家，他在吸收歐洲天文學優點的基礎上，發展了中國天文學，曾獨立發明計算金星、水星凌日的方法，並提出精確計算日月食的方法。

王錫闡與天文數學家梅文鼎同時而又齊名，王錫闡號曉庵，梅文鼎號勿庵，遂被後人並稱為「二庵」，兩人都嫻熟於天文曆算。1644 年，李自成的農民軍起義，江南各地紛紛起兵抗清。王錫闡當時年僅十七歲，卻具

有強烈的民族自尊，為了表示忠於明朝，他奮身投河自盡，但是意外地被人救了起來。此後，王錫闡放棄了科舉考試之路，他隱居在鄉間，以教書為業，致力於學術研究，甘心做一個故國遺民終其一生。

王錫闡曾作《西曆啟蒙》和《大統曆法啟蒙》來討論中、西曆法的優劣。當撰寫《曉庵新法序》以及以後的著作時，正是傳教士東來，歐洲天文數學知識開始傳入中國的時期。這些天文方法有較高的精確度，其中運用了對中國來說還是全新的三角幾何學知識，明確的地球觀及度量概念，因而產生了巨大影響。對於應否接受歐洲天文學，當時中國學者有三種不同態度：一種是頑固拒絕，一種是盲目吸收，只有王錫闡採持批判又吸收的態度。他從當時集歐洲天文學大成的《崇禎曆書》入手，對其前後矛盾，互相抵觸之處予以揭露，對其不足之處予以批評，並吸收歐洲天文學優點來發展了中國天文學，並在中西曆法了解的基礎上，寫成《曉庵新法》和《五星行度解》。

《曉庵新法》共六卷，運用剛傳到中國的球面三角學，首創準確計算日月食的初虧和復圓方位的演算法，以及金星、水星凌日和五星凌犯的演算法，後來都被清政府編入《曆象考成》，成為編算曆法的重要手段。王錫闡認為五大行星皆繞太陽運行，土星、木星、火星在自己的軌道上左旋，金星、水星在自己的軌道上右旋，各有各的平均行度。太陽在自己的軌道上繞地球運行，這軌道在天上的投影即為黃道。他據此推導出一組公式，能預告行星的位置，這種探討使他成為中國較早注意引力現象的學者之一。

《曉庵新法》融貫古今，融通中西，雖從未頒行，但取中國曆法之長彌補西方曆法之短，受到清代學者高度評價。清朝初年湯若望上書清廷並主撰曆法，改《崇禎曆書》為時憲曆，正式頒行於 1645 年，西洋曆算正式走入中國曆書，可謂中國歷代曆法有史以來最重大之變革。

天文曆法的觀古鑑今

　　天文學是門講求精準的知識，應以科學的精神和敘述來為中國歷朝源遠流長的天文曆法發展作一小結，然而這是一項工程浩大和困難的考證。縱觀中國歷史千年，天文觀測的起源無從考究，僅能從現有典籍史料的直接證據和旁敲側擊，整理出如今對於古中國天文研究的了解。

　　若要說古代天文與曆法與現今有何關係，「發展」二字或可做為一個通解。一個觀點、一個理論、乃至於一本書和一個學科，都是有一個脈絡累積產生，這個過程也就是歷史。以五大行星為例，人類對它們的研究絕非是從登陸星球才開始，在中國的紀錄中，木星在甲骨文時期就已有所記載，戰國時期更將五星配合五行，僅是名稱不同，分別稱作太白（金星）、歲星（木星）、辰星（水星）、熒惑（火星）、鎮星（土星）。對於天文學探索是持續不斷，有如生物進化史般的演進，前一代人的知識教育並影響著後一代人，後一代人由於對於既有知識的質疑引導著研究，更新並修正了知識。

　　現今民眾對古老天文學說和曆法興致缺缺，僅是因文獻所記載的「當代重要發現和突破性進展」已被時間的洪流沖淡，相隔數百甚至數千年的學術進展，已讓人們忘卻當初萌發探索學問種子的重要性。《甘石星經》為中國最早的天文學專書，若以書籍的編撰觀點，可說對於天文學的觀測和知識有了系統性整合，星表的建立有利於後世以科學和量化的方式來觀測星體。《周髀算經》可知道當代古人對天有多高產生了疑問和興趣，開啟了對日高的計算，數學與天文的結合，使得人們對於科學的解釋和闡述有了證明的觀念，並非僅止於概念的描述。

　　中國天文學的三大學說——渾天說、蓋天說及宣夜說，可說是以具體的幾何空間概念來建立天體的結構，並以此來解釋天體的運行。由於觀測和統計，人們開始建立曆法，從現今已知最早的《夏小正》，《古六曆》、

《太初曆》、《三統曆》、《乾象曆》、《景初曆》、《皇極曆》、《大衍曆》、
　《十二氣曆》、《授時曆》等，各時期曆法皆因觀測精度的提升，以
及由於曆法與真實天象週期中無可避免的誤差累積，而對人為曆法進行變
革。西方文化的引入，直接衝擊中國對於天文的既有知識，王錫闡在科學
實事求證的精神下，接受並挑戰西方世界的天文知識，《曉庵新法》不僅
為中西文化的融合，更將西方行星理論和球體天文數學理論帶進中國的天
文領域，使中國近代天文學有了飛躍的進展。

第七章

結合天文觀時與時間測量的古代時計

正如《易經》中的卦象循環，古代的天文觀時與時間測量裝置彷彿是宇宙大鐘的微小模仿，揭示了人類對時間的永恆追求和探索。

古代時計裝置

　　一般我們都認為日晷是人類最早的時計工具，但在時計工具發明以前，基於生活的必要，人類就已經會用身體來記住一天或是一年的長度，也就是說人類的生理身週期跟地球和天體的運行是同調的。

　　在鐘錶尚未出現之前，人類為了知道時間，便利用了許多方式來測量和計量時間，直接觀測天體、利用太陽位置和光影來計時、利用等速流體變化來計時、利用燃燒來計時等，各方式具其功能原理以及應用背景和意義，未有高低之分，但呈現的是時計裝置的改良和演化，且讓我們來一窺究竟。

大型計時遺址

　　「月曆應該長怎樣？」若有人提起這個問題，不免在腦中浮出框架式的既定意象，掛在牆上或放在桌上的紙質或其他材質月曆，隨時間逐月或逐日掀翻，當然亦有許多現在的文創小物，創作出各式月曆設計。在我們的腦海裡應該不會浮現一個大到像座球場般的月曆，但是，古代的達人智者做到了這樣近乎瘋狂的設計，因為他們是直接觀察天空變化來記錄月份。

　　2004 年，伯明罕大學的考古團隊在蘇格蘭亞伯丁郡沃倫菲爾德（Warren Field）發現了一處由 12 個大型的坑洞組成史前遺址，存在於距今 10,000 多年前的中石器時代（Mesolithic）。這處遺址中的大型坑洞的位置排列相當特別，引起了研究人員的興趣，推測它們可用來模擬月相的變化，坑洞排列對準冬至的日初方位並形成一直線，可以幫助當時的狩獵採集者們準確地跟蹤季節和月球週期，而且地穴裡原來可能安裝有木樁，可用來測量時間。目前研究雖然仍無法對整個沃倫菲爾德遺址的功能有相當清楚的說

明，但從已知的資訊可瞭解其為一座巨大的月曆，比美索不達米亞的青銅器時代紀念碑遺址早了約 5000 年，為現今人類歷史上已知的最早月曆。

　　聞名遐邇的巨石陣（Stonehenge），座落於英國爾特郡埃姆斯伯裡（Amesbury），整座巨石陣遺跡大約由 80 多塊巨石形成幾層大圓環，石塊約為四至六公尺高，每塊平均重約 25 頓，匪夷所思的巨石尺寸和未知神秘的光環，讓這令人讚嘆的巨大石柱群一直是熱門的旅遊景點，由於巨石的排列位置和考古解密，巨石陣又有許多其他別名，如：索爾茲伯裡石環、斯托肯立石圈、史前石桌、太陽神廟等。1986 年，聯合國教科文組織將巨石陣和相關遺址列為世界文化遺產。

　　學者們對於巨石陣存在的年代有些許爭議，以碳元素定年法檢測遺跡中的實物和周遭出土文物出現許多不同的答案，主要斷定建造於新石器時代末期或青銅器時代，可能約於西元前 4000-2000 年，較為保守的說法為西元前 2500 年到西元前 2000 年（依 2008 年於巨石陣附近出土的西元前 1958 年的古墓），但可瞭解的是巨石陣是經歷許多時期由外圈至內圈依序建造而成的。

巨石陣

巨石陣的功能如同其存在年代一樣，也是有許多不同的論點，有認為它是個巨大的天文觀測裝置，有認為它是座宗教上祈福祭祀用的場域，有認為它是可聚集能量療癒之地，也有認為它僅是座古墓。單從天文觀測的功能論點來說，巨石陣中有幾個重要位置可用來指示夏至時日出和冬至時日落的位置，巨石陣與沃倫菲爾德遺址相似，可能表示與月亮運行週期相關的曆法。1966 年，傑拉爾德・霍金斯即詳細的描述遺跡中有關 56 年週期內的太陽和月亮觀測紀錄。此外，在巨石陣入口處有陪列為 6 行的 40 多個柱孔，推測應是表示 6 次太陰曆觀測週期，可側面證實巨石陣在觀測及紀錄月亮運行的工作曾長達 100 多年的時間之久。

太陽計時

太陽是天空中最明顯的天體，也是制定一日時間的基石，假如今日舉行一場「時間指示設計」選拔賽，我想太陽當然是最後勝出的不二人選，但必須加註一項補充說明，僅限白日。

太陽周日運動配合人為的時間定義，在中西方定出了一日 24 小時、一日 12 雙時、周天百刻、一日 12 時辰等時制。白天時，我們可以由太陽在天空的位置來指出時間，直接觀測固然直覺了當，但是太陽光過於耀眼，不僅妨礙觀測準確性，對於觀測者的眼睛更是一種傷害，而利用間接方式，以輔助工具量測與光相對應的影子或水中倒影，便是人類智慧的表現。

隨著生產的發展，生活節奏的加快，人們要求知道比較準確的時間，觀看天上的太陽這個方式雖然夠直接但卻不容易，刺眼的陽光影響觀測，天空上也沒有刻劃著尺度讓我們讀取。但是，當我們低下頭發現了因陽光被物體遮蔽產生影子，影子隨陽光和物體的相對位置變化時，人類產生以光影概念來作為時計裝置的設計。

圭表

　　「圭臬」二字，表示準則或法度，我們說把某句話奉為圭臬，也就是將這句話視為最高指導原則。「圭臬」一詞包含了土圭和水臬這兩件古代的測量儀器，土圭用來測量時間，水臬則是用來測量水準，因此「圭臬」可說是把儀器的實際用途延伸為與文學中的詞意。古人發現物體在陽光照射下投出影子，而影子的方向和長短隨著時間的推移有規律地變化著，於是開始朝這方向延伸，發明了許多以太陽光影為觀測對象的計時儀器，表示自然時間，立竿見影就是最原始的辦法，從竹竿或木棍的影子的移動來推測太陽所在的位置，用來定時刻、定方位、定節氣和定地域。

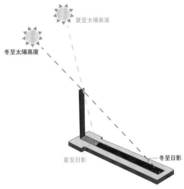

圭表

　　圭表，或稱土圭或日圭，是中國最古老的一種計時器之一。「圭」和「表」表示兩個互相垂直的部件，平放於地面的部分稱為「圭」，方位為對準正南和正北，圭上面刻有刻度可以方便量測日影長，因此相當於一把水平量尺；垂直地直立於地面並用來產生日影的部分稱為「表」，相當於立竿見影裡的標竿，立於正南（因我們位於北半球）。圭在最早期為刻畫在土地或堆土而成，即是土圭，隨著工藝技術的進步，圭的使用材質有所變化，有玉製的玉圭、石造的石圭或銅製的銅圭。表的材質也是如此，隨著朝代演化，最早為木棍或竹竿，而後有銅表。

　　圭表應在西周初期就已發明，《周禮‧地官‧大司徒》中就有關於使用圭表的記載，並有土圭法來測量白天和夜晚的長度，制定一年四季的春分、秋分、夏至和冬至，運用量測日影的方式來測量土地以建立國家的地界，確認東、南、西、北的方位，「八尺之表，夏至之日正午，影長一尺五寸；冬至日正午，影為一丈三尺，則為地中所在」，所謂地中就是當時的周朝首都洛邑。

　　周公旦在陽城「壘土為圭、立木為表」，也就是在現今的河南登封市告成村建造了量測日影的測景台，或稱測影台（景與影同意），推測材質應為石圭（土圭）和木表，在經過歲月的侵蝕下早已損壞。唐玄宗開元年間，命令太史監仿造周公土圭舊制，以石頭為材質重建測景台並保存至今。

　　周公測景台的特點為表下方的基石，上窄下寬呈現截面錐體，基石錐體的斜面經過計算設計，與夏至正午時分陽光照射角度相同，可讓這個時間點沒有日影產生，所以也被稱為「沒影台」。當我們俯視測景台時，台座基石北方斜面的下緣與上緣相差約 37 公分，以表高約 2 公尺來計算，可推算測景台所在地緯度約為 34.3°。

　　古中國透過圭表來量測正午時分的日影長度，在長期的觀測記錄下，定義出二十四節氣對應的日影長度，日影最長為冬至，最短為夏至，春、秋分影長則在兩者間，在節氣制定之際，當然也決定了回歸年的時間長度，

而且具有極高的精確度。進一步來說，古中國利用圭表紀錄日影變化制定節令的作法，在訂立太陽曆法上有相當大的幫助，可讓掌管曆法的官員排出陽曆與對應的二十四節令日期，作為農事活動的重要依據。

　　圭表在古中國的時計裝置歷史上發展已久，西漢時期，朝廷在都城長安建立圭表，制定「表高八尺，圭長一丈三尺」的規格，在之後很多時期都是以此為標準，但也有例外，如：南朝梁武帝時使用九尺圭表、清朝使用十尺圭表、東漢的攜帶型八吋銅圭表等例外。圭表使用雖然普遍，但始終存在影長判定困難和量尺精度不佳兩個問題，在元史中即提到，表短則圭上的刻度區分需要極細微，表長則表影的邊緣模糊，介於明亮與陰影間的灰影地帶，讓使用者無法精確判讀表影長，由於圭上的刻度多僅可到分，對於厘僅為估算，量測精確度不高。如此一來，圭表所產生的量測誤差，將導致節令時間的推算錯誤。因此，在讀取圭表顯示時間時，有使用望筒或望簍、設置小表、以木規為量測媒介等方式。

　　元朝時期，郭守敬將圭表進行改良，透過裝置放大的方式來提升量測精度，由原來的表高八尺直接提升至四十尺，增加了五倍，因此也稱為「高表」。西元 1276 年，郭守敬在河南登封建造一座「觀星台」，不僅可為觀星之用，更形成一個巨型的高表，觀星台本身為表，高約四丈（約 9.46 公尺），所以「觀星台」也被稱為「四丈高表」，圭則為台身前的水平青石，長約 30 多公尺，故也稱為「測天尺」，「觀星台」整體建築至今仍保存良好，列為世界重要遺產。除了高表外，郭守敬發明了「景符」，為一個可以折疊開闊的簡易裝置，可設置在圭旁水平移動，翻起的一面中間挖有小孔，利用針孔成像原理，使表上設置的橫針可在圭上清晰成像，解決表高而陰影邊緣模糊的問題，充分提升圭表的量測精度。

　　圭表的量測運用，曾經使古中國在回歸年長度的量測精度上，相較其他文化來說佔有很大的領先地位。在以農立國的時期，圭表制定的時間曆

制，更是人民進行農事活動的重要依據。

日晷

　　日晷也是一種以觀測太陽位置來計時的儀器，至於日晷是誰發明的？中西方皆無明確記錄。目前中國已知最早紀錄為《隋書·天文志》中，袁充於隋開皇十四年（594）發明的短影平儀（即地平式日晷），至於赤道式日晷相關紀錄則初見於南宋曾敏行《獨醒雜誌·卷二》的晷影圖。約莫在西元前五世紀左右，日晷發展出了刻度盤，它要測量的不是現在影子的長度，而是影子與地軸之間的角度。

攜帶摺疊式日晷（Nuremberg，German Nuremberg，1598AD）

赤道式日晷及地平式日晷

　　以目前的研究顯示，最早的日晷是六千年前在巴比倫創造，並在古埃及發展為功能更強、模擬現代時鐘這般極為有用的工具，還被更多古文明持續使用了數千年之久，今天我們仍能在不少公共場合看到日晷的存在。在埃及所見高而纖細的方型石頭結構的尖碑是日晷被普遍使用的開始，太陽照射尖碑留下的陰影，使人們能夠輕鬆地從放置在地面周圍的圓形分段水準圓盤上讀取時間。借助這個工具，埃及人發現了最長和最短的日子（夏至和冬至），他們找到了「正午」的確切時間，引入了 10 小時日光系統等等。日晷進入希臘和羅馬帝國，在當時受到歡迎並得到了極大的改進，逐漸改良為體積更小更輕便的日晷。由於日晷在晴天的精確性和可靠性，即使約十六世紀歐洲處於開發機械鐘的創新階段，日晷仍被繼續被使用。直到 1800 年代中期，機械鐘的功能能提供準確的時間測量之時，日晷才被當時的政府和商業界所淘汰。

　　根據英國科學家李約瑟在他的著作《中國科學技術史》論證，日晷在亞洲的發展是和西方並行的，各地古文化依據自己的文化習慣，各自創造發明具自身特色的日晷和月晷。也就是說，日晷有多種，而赤道式日晷是由中國發明的，李約瑟強調：「赤道式日晷是所有日晷中最準確的一種。在中國的宮殿、園林、廟宇中，永久性的日晷始終都是赤道式日晷的古老式樣」。也因如此，中國的日晷在全世界交流的大趨勢下，也未被複雜的垂直式或地平式日晷所取代，就毫不奇怪了。

　　除了赤道式日晷和地平式日晷外，西方世界更發展了設置於牆面或鐘樓的垂直式日晷，以及便於攜帶的日晷，環形日晷即為其中一種款式。16世紀左右起，因航海時的便利性考量，更設計了可折疊式日晷，具備垂直日晷和水平日晷的使用功能外，更附加羅盤的功能。

流體計時

　　時間的流逝是規律的，假如我們可以創造一個規律的流動或打擊系統來模擬時間流動，就可以用來計時兼且指時，解決夜晚、陰天或不見天日的密室裡，無太陽可參考情形下的時間計量問題，有了這樣的想法，人類的智慧之門再度因為需求打開。對於計時裝置的設計，如何可穩定的提供動力來維持規律的流動或打擊是一個重要的因素，打擊的概念可比擬為機械鐘，需要更多的機構來達成動作回復和調節，相比之下，流體系統發展的計時則簡單許多，人們控制穩定的流速或設定固定的流體數量（體積或重量），就可以進行計時，伴隨著使用者的需求以及氣候特性和經濟考量，人類採用不同的流體，在歷史上發展出相當多元的流體時計。

　　人類直接利用水和沙作為流體來形成穩定的流動，定時定量的洩漏或累積流體體積換算為對應的時間，這是直接運用流體的時計設計。而後，在融入大量的機構設計概念和知識後，人類對於流體時計有了更精準的效果，蘇頌的水運儀象台和詹西元的五輪沙漏，就是水和齒輪傳動系以及沙和齒輪傳動系的結合。

水鐘與漏刻

　　如果人們只有日晷可以判斷時間，那麼當面對陰天或是身處於晚上時分，將因沒有太陽可觀測而無法知道時間。聰明的人類從流洩的水發現可應用於計時的可能性，於是水鐘應運而生，但由於水鐘受環境影響的變數大，在不斷精進裝置的精確性之下，水鐘發展出眾多設計。

　　流體的黏滯特性早在中國古代時期就已被發現，會使水的流動產生磨擦力，而且流體黏滯性隨氣溫變化，因此有了夏天時水利（或稱水滑），冬天時水澀的說法。水利時摩擦力小，則流動順暢且流速快；水澀時摩擦

洩水型沉箭式單漏

洩水型沉箭式單漏

授水型浮箭式漏刻

授水型浮箭式單漏

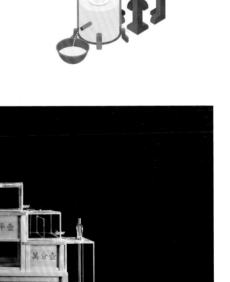

唐朝呂才漏刻復原品

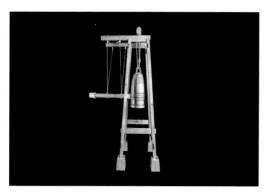

唐朝呂才漏刻為「計時」儀器；唐鐘為「報時」儀器

力大，因此流速減緩。這個特性對水鐘計時功能的精準度來說影響相當大。在春秋時間，皇宮裡管理水鐘並負責計時的官員會在裝置旁擺放火盆，以此來調節穩定室內氣溫，減少了溫度對於水黏滯性的影響。

　　古中國把水鐘稱為漏刻或刻漏，南北朝時期的《漏刻經》紀載最早源於黃帝時期（2717~2599 B.C.），歷代以來發展出許多形式，可從時間刻度表和洩水桶數量來分類。時間刻度表通常稱為箭尺，有「淹箭法」、「沉箭法」以及「浮箭法」等三種樣式，「淹箭法」使用最早，「沉箭法」及「浮箭法」依序發展，「浮箭法」具有最佳的計時精確度。隨著讀取箭尺刻度方式的變化和提升精度的需求，漏刻增加洩水壺或補償壺使用的數量，每一壺稱一級，因此有「單級漏刻」、「二級漏刻」、「三級漏刻」、「四級漏刻」或「多級漏刻」。整體來說，漏刻最早發展為「淹箭式漏刻」，而後依序可概分為「洩水沉箭式漏刻」、「單級蓄水浮箭式漏刻」、「二級蓄水浮箭式漏刻」、「三級蓄水浮箭式漏刻」、「四級蓄水浮箭式漏刻」以及「溢流浮箭式漏刻」。

　　「淹箭法」的漏刻採用單一水壺的設計，箭尺直立固定於壺底，水壺旁靠近底部處開一個洩水孔，讓壺內的水可以盡量地等速且等量流出，當

水位隨著洩水降低，使用者變可從箭尺上讀出該水位所對應的時間 [萬年曆法：古代曆法與歲時文化]。由於水位高低影響水壓，而水壓大小影響流速，所以「淹箭法」的計時精準度受水位影響甚大，無法維持等速且等量洩水的要件，可以瞭解當洩水時間一長而水位較低時，則「淹箭法」漏刻的計時誤差將變大。此外，「淹箭法」漏刻將箭尺固定於壺底的設計，除了會讓洩水壺身阻擋視線，不利於使用者讀取時間刻度，也會因使用者的視線無法與水面平視而造成讀取誤差。

　　為了提升時間刻度讀取的便利性及準確性，漏刻的箭尺改為浮動式，將箭尺固定於一個可漂浮於水面的基座（如：箭舟），有如釣魚時所使用的浮標，讓使用者可水平直視箭尺和水面，更可將箭尺浮標連動機構來更明確地指示刻度，如：令刻，此類浮動式箭尺發展有「沉箭法」和「浮箭法」兩種樣式。「沉箭法」漏刻也是洩水型漏刻，與「淹箭法」設計不同之的地方在於箭尺的設置方式，浮動箭尺雖然解決了讀取誤差，但單一水壺在洩水計時的工程中，壺內水位高低使水壓影響洩水速率的問題仍然存在。

　　「浮箭法」漏刻為蓄水型設計，最簡單的樣式為採用兩個壺的設計，稱為「單級蓄水型漏刻」，一個為洩水壺負責供水，一個作為負責蓄水的受水壺，儲存來自於洩水壺的水量，時間箭尺則設置於此壺，水位和箭尺浮標隨著蓄水量上升。如此設計不僅同樣具有直接讀取箭尺時間的優點，而且可擁有相對於「沉箭法」而言較穩定的水位高低度，降低其對計時精度的影響。

　　仔細瞭解「單級蓄水型漏刻」的工作原理，整體裝置的供水仍來自於一座洩水壺，在發展初期需透過人工方式定時加水來為其穩定水位，人為操作誤差不可忽視，在加水前後的洩水流量往往會有所變化。在拼命追求計時精度之下，「浮箭法」漏刻迎來了改良，透過增加水壺數量以穩定補償水量、運用「渴烏」、溢流補償等設計來穩定排水速度。「渴烏」也就是虹吸原理，在漏刻中以此來取代直接洩水，可以有效控制排水速度。

　　東漢張衡曾描述「二級漏刻」，在洩水壺和受水箭壺之間加入補償壺，使其成為第二個洩水壺，具有水位緩衝的功能，因此推測此類型漏刻最晚在東漢前就已發明；此外，由於白天和夜晚時間長度不同，因此受水箭壺也有日夜兩套系統，可分別對應使用。「三級漏刻」常見於傳世文物，晉代孫綽曾在一文中描述了「三級漏刻」的存在：「累筒三階，積水成淵，器滿則盈，承虛赴下」，而且從此文可推測孫綽所描述的三級漏刻，應該也有採用水位補償設計。唐代的呂才漏刻為「四級漏刻」，透過渴鳥來進行水位補償功能，由上至下分別為夜天池、日天池、平壺和萬分壺的洩水壺，可穩定洩水速度，蓄水壺稱為水海，按節日對應有 25 支箭尺來進行計時，刻有十二時辰制、（周天）百刻制和更點制。

　　北宋時燕肅為了改進漏刻設計出「蓮花漏」並逐步推行至全國，「蓮花漏」為「二級蓄水浮箭式漏刻」，洩水壺和補償壺間以渴鳥連結來補償水位，浮箭箭首設計為蓮花外形，蓄水壺則為蓮葉，蓮花浮箭可穿過蓮葉中心，隨水位穩定升起，「蓮花漏」搭配 24 節氣製作有 48 支浮箭，每一節氣的日夜皆對應不同箭尺。在燕肅的「蓮花漏」之後，北宋沈括另提出「二級溢流式浮漏」的改良，在其設計中更將補償壺內部一分為二，並採用溢流補償的方式來穩定補償壺中負責出水空間的水量高度。

小知識 - 剎那

現代人習慣用「時、分、秒」來表示一日內的時間，若在特別活動和科技應用上，更會用上「毫秒、微秒、飛秒」等更為精微的時間單位。同樣地道理，因應各種不同需求，除了十二時辰外，中國古代也發展有多樣時間單位，分別以常見的事物來表示，最小單位稱為「剎那」。古今時間對應如下：

1 時辰 =2 小時；1 刻 =15 分；1 盞茶 =5 分；1 炷香 =2.5 分；1 分 =30 秒；1 彈指 =5 秒；1 剎那 =0.5 秒。

由此可知各古代時間單位的換算為：

1 時辰 =8 刻；1 刻 =3 盞茶；1 盞茶 =2 炷香；1 炷香 =5 分；1 分 =6 彈指；1 彈指 =10 剎那

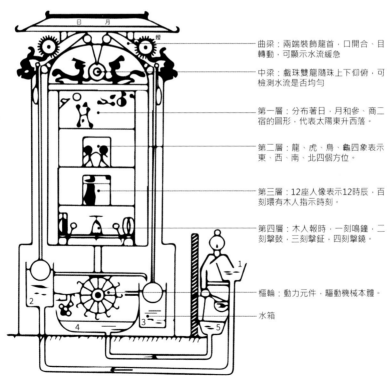

曲梁：兩端裝飾龍首，口開合、目轉動，可顯示水流緩急。

中梁：戲珠雙龍隨珠上下仰俯，可檢測水流是否均勻。

第一層：分布著日、月和參、商二宿的圖形，代表太陽東升西落。

第二層：龍、虎、鳥、龜四象表示東、西、南、北四個方位。

第三層：12座人像表示12時辰，百刻環有木人指示時刻。

第四層：木人報時，一刻鳴鐘，二刻擊鼓，三刻擊鉦，四刻擊鐃。

樞輪：動力元件，驅動機械本體。

水箱

大明殿燈漏

燈漏

　　「燈漏」，並不是西方的油燈時鐘（oil-lamp clock），它可以算是古中國特有的流體計時裝置，工作原理和漏刻相同，都是運用等速流體概念來計時。目前的史料對於燈漏的著墨甚少，最早使用紀錄仍未有定論，從《元史・天文志》中可以得知古中國在元朝時已有燈漏的使用，最有名者為元朝郭守敬所製作的「大明殿燈漏」，也是中國鐘錶史上最為著名的計時儀器之一。

　　明朝李善長《元史・天文志一》記載：「燈漏之制，高丈有七尺，架以金為之。其曲梁之上，中設雲珠，左日右月。雲珠之下，復懸一珠。梁之兩端，飾以龍首，張吻轉目，可以審平水之緩急。中梁之上，有戲珠龍二，隨珠俛仰，又可察準水之均調。」從文獻中可知道，燈漏尺寸具相當規模，高一丈七尺換算為目前單位約接近 5.4 公尺的高度，製作的材料豪奢，以黃金為樑架輔以珠寶作為裝飾，可知非一般官宦之家所能使用。

　　「大明殿燈漏」也被稱「七寶燈漏」，具有計時和報時的功能，由於造型看似一座巨大宮燈，且放置於明朝皇宮，因此得名為「大明殿燈漏」。燈漏裝置推測是由水力所驅動，可分為四層結構：第一層為屋頂，按圓環狀分佈著日、月和參、商二宿的圖形，每日自右向左迴轉一周，代表太陽東升西落。第二層陳列著龍、虎、鳥、龜，由四象表示東、西、南、北四個方位，每到一刻，四象可由內部機構驅動產生跳躍的動作，並配合有擊鐃的響聲，如同鐘響報時功能。第三層也是將圓環劃分為一百等分，採用周天百刻時制來表示一晝夜，圓盤上設有 12 座人像表示 12 時辰，會在其對應時辰時出現在四個方向的門內執牌報時，門內另有木人用指著刻數。第四層在燈漏的底部，四個角落各有一個木人分別手執鐘、鼓、鉦、鐃等四種響器，可進行「一刻鳴鐘，二刻擊鼓，三刻擊鉦，四刻擊鐃」的動作，在時初、時正到來時這些響器也要鳴響。

　　「大明殿燈漏」的結構上部有一道彎曲的樑，兩端雕飾龍頭，龍嘴可以張合，而龍的眼珠能轉動，以這樣的動作組合顯示燈漏內水流的快慢。樑的中間是一顆雲珠，二側有象徵日月的球體，日在左，月在右，雲珠之下再懸有一顆珠子。曲梁下方有一道中梁，中樑左右各有一條龍可隨著珠子的下降或上升，進而產生俯仰的姿態，推測應是透過繩索來進行連動，龍的姿態變化則可顯示燈漏內的水位是否可滿足裝置正常運作的需求。

古中國之外的水鐘

　　埃及水鐘最早出現在第十八王朝期間（西元前 16 ～前 13 世紀），是屬於洩水型的水鐘，採用固定水流出量的方式來進行計時。古埃及水鐘通常包含兩個陶罐，上方陶罐洩水，下方陶罐盛水，上方陶罐的外側表面有時間刻度，透過水面高度來讀取時間，原理與古中國洩水型水鐘相同。古埃及人雖然將一天裡的白天和夜晚各自分配為相等的 12 小時，但是他們也瞭解到夏季晝長夜短和冬季晝短夜長的情形，也就是說在夏、冬季的白天和黑夜裡，其所表定的一小時並不等長，如：夏夜一小時的實際時間比冬夜一小時短，為此古埃及人不均勻地劃分水鐘的時間刻度，形成古埃及水鐘的特色。

埃及水鐘，1400BC

　　此外，幾乎在同一個時間點，位於地球另一處的美索不達米亞古文明也發明了水鐘，古巴比倫人同樣意識到晝夜時間的不等，打造出與古埃及相似的水鐘設計，他們也可能發現到水壓對於穩定流量的影響，因此學者們推測在巴比倫文化的後期，出現了相似於古中國蓄水型水鐘的裝置，但是對於溫度影響水鐘敏感度的問題，則沒有太大的研究。

　　相似的水鐘原理，也曾出現於古希臘時期的文明，稱為 Clepsydre，歷史記載有名的其一設計為亞歷山大城發明家克特西比烏斯（Ctesibius，285~222 B.C.）所提出，稱為克特西比烏斯的水鐘。這位媲美阿基米德的機械天才曾效勞於托勒密王朝，是當代最負盛名的發明家之一，因他對氣體力學及各種機械裝置感興趣投入研究，發明創造了許多機械，包括：扭力弩炮、水風琴，精準水鐘，可由活塞產生動力的壓力泵，以及其他精巧玩具設計。

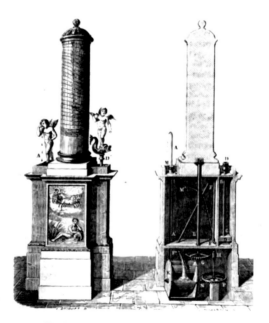

17 世紀法國人 Claude Perrault 復原克特西比烏水鐘

　　克特西比烏斯的水鐘可看作一個為自動化裝置，加入齒輪設計，並利用三個水箱來有效控制水流量。上方第一個水箱為儲水箱，水流入中間第二個水箱，第二個水箱上方設有排水孔，當水面高度超過排水孔將流入第三個水箱，如此設計可控制水的流速和流量。第三個水箱為於裝置最下方，具有浮標可隨水面上升指示時間，為一尊手持長矛的人像的樣式。長矛相當於時鐘的指針，尖端指著一個畫有時間刻度。當過完一天時，長矛浮標將到達刻度最頂端，此時第三個水箱的水可由虹吸原理從倒 U 型管流光，而浮標將降回底部。倒 U 型管洩出的水將流入水車使其轉動一格，並驅動齒輪系帶動時間刻度圓筒轉動 1/365 圈，使長矛指標指向下一天的時間刻度。由於在夏天和冬天的單位時間長短不同（夏時長於冬時），因此時間圓筒上的刻度有如波浪般的起伏圍繞圓筒一圈。此外，古希臘時期也存在幾個大型水鐘，建置在雅典附近的市集，如風之塔，現今仍然可見其遺址，另外在奧羅波斯（Oropos）的安菲阿剌俄斯（Amphiaraus）神廟的水鐘也是約於西元前 330 年左右建造的。

　　水鐘的應用相當廣泛，在各地區古代文化也有水鐘的使用紀錄，日本的《日本書記》中記載了中大兄皇子（即後來的天智天皇）約於西元 660 年製作過水鐘，於西元 671 年首次使用。這個水鐘裝置是由四階的木箱構成的，水從上頭的木箱順次流到下頭的木箱，最底下的木箱裝置了浮標，利用它隨水面上生指示的刻度來判讀時刻，所以是屬於「三級蓄水浮箭型漏刻」。

小知識 - 最古老的水鐘

　　西元前 16 世紀，埃及官員 Amenemhet 可能是水鐘的發明者，在他的墓碑銘文中記載了水鐘的使用。而現存文物證據裡最古老的水鐘可以追溯到西元前 1417-1379 年的古埃及，阿蒙霍特普三世統治期間，水鐘被用於卡納克的阿蒙雷神廟。

沙鐘

　　精確度，或者說是精準度，對於計時裝置來說是一種基本要求，也是一種品質保證。雖然水鐘發展的歷史久遠且使用普遍性高，但是包括漏刻在內，幾乎各類型水鐘都無可避免地受到氣溫、水溫、水壓……等外界因素影響而無法維持計時功能的高精準度，尤其是在寒冷地區更可見水鐘的缺點。中國許多地方在冬天時氣候寒冷，可見下雪情形，同樣地漏壺內的水也會因過於寒冷而結冰或結霜，產生流速減緩或堵塞的情形而影響水鐘計時的精準，甚至使其完全失去作用。為了避免嚴寒氣候的影響，古人使用熔點較低的水銀（-38.83°C）來替代水，如此一來雖然可以解決凝結堵塞的問題，但水銀相對價格昂貴，使得應用範圍受限許多。在西元四世紀時的石棺雕刻中，發現利用流動的沙代替水滴的裝置，稱之為沙鐘，同樣地使用流量和流速控制的原理來達到計時功能。

　　沙漏，也有沙鐘或沙壺等其他別稱。《隋志》記載：「漏刻之制，蓋始於黃帝。」可見沙漏時計在古中國歷史上早已存在許久。西方沙漏出現相當早，在西元前 16 世紀就出現在古埃及和古巴比倫文明中，西方沙漏常見形式為上下兩個連在一起的流沙池組合而成，流沙池的通道尺寸和池內裝的流沙量經過配對設計，對應好可計算的時間，也有沙漏在流沙池上繪製刻度，可得到更細的時間間格資訊。重力使得流沙池內的沙子緩緩傾瀉，當池內的沙子流完後可倒轉再次計時。古中國的沙漏形式與西方略有

不同，多設置一個漏斗狀的流沙池，下方放有盆或缸來承接沙子，流沙池外側則一樣地劃分時間刻度可進行精微的計時，相較之下沒有可直接翻轉連續使用的便利性，但是直到元末明初時期詹希元的出現，讓古中國的沙漏有了飛躍性的進展。

臺灣科技大學陳羽薰教授復原五倫沙漏

　　詹希元，曾在明朝洪武年間擔任鑄印局副使及中書舍人，不僅是位書法名家，也是一位發明家，他將沙漏結合齒輪系來控制轉速，創作出「五輪沙漏」，不直接以流沙的速度和流量來計時，而是將流沙作為定時定量的動力源，讓古中國沙漏直接提升至機械式時計裝置的層級。在明朝遊潛的《博物志補》中提到：「五輪沙漏：北方水善凍，壺漏不下，新安詹希元以沙代水，人以為古未有也。」《明史・天文志》提到詹希元因流沙速度過快而為沙漏加上齒輪組來調節計時功能，一個斗輪加上四個均為 36 齒的齒輪，形成「五輪沙漏」；而後，周述學將五輪沙漏加以改良，擴大流沙池的通道避免造成堵塞，並在設計上增加一個齒輪，使其形成六輪結構，

齒輪的齒數則均改為 30 齒，藉此讓沙漏的運行更為順暢且符合時制。

　　宋濂著作的《宋學士文集·五輪沙漏銘》裡對「五輪沙漏」的機械結構、尺寸及運轉功能有詳細的描述，整體設計可以分為流沙池、斗輪、變速齒輪組和指時裝置（時刻顯示用）等部分。斗輪（或稱初輪）為五輪沙漏的動力元件，是一個邊緣平均地布滿 16 個沙斗的圓形機械元件，可以用來接住沙池裡的沙子，沙斗重量的失衡將帶動斗輪轉動，以此將流動的沙轉變成沙漏的動力源，而當斗輪動力傳入變速齒輪組便開啟整座沙漏的計時功能。變速齒輪組包含四組齒輪對，每一組都是由一個 6 齒的小齒輪嚙合一個 36 齒的大齒輪，第一個齒輪對的 6 齒小齒輪是固定在斗輪的輪軸上，與斗輪的轉速相同，而最後一個齒輪對的 36 齒大齒輪稱為中輪，其輪軸貫穿刻有時間刻度的測景盤，指針固定在軸心可表示時間。調節流沙池的孔洞大小，就可以控制流沙速度，使測景盤指針轉動一周的時間為一天。在《五輪沙漏銘》中更可知道，「五輪沙漏」不僅具有計時和指時功能，同時也有報時功能，在齒輪轉動時以連桿帶動沙漏的木人作動，一擊鼓、二擊鉦、三擊鉦、四擊鐃，依不同聲響來提示時間。

燃燒計時

　　燃燒東西可提供照明，可作為信仰、祈福和祭典之用途，在掌握燃燒速度之下，便可以此來計算時間的流逝，這就是「燃燒時計」。

　　燃燒時計是不可逆的，用來計時的物體無法還原並再次利用，燃油或蠟油又是相當高昂的物資，因此相對於太陽時計和流體時計等類型而言，這個計時方式在經濟效益上低了許多，可想像在富裕時代才會使用如此計時方式。其最早發現的時間與地區尚無法考證，約流傳於西元六世紀至十世紀，在在中國、埃及、日本、英國、伊拉克的歷史中都曾出現過。

　　即便經濟效益如此，燃燒時計的發展仍存在優勢，也就是便於攜帶且

可應用於夜晚或陽光無法照射之處。例如：下礦的工人們需要知道在礦坑裡工作了多少時間，於是便會使用燃燒時計裝置來計時，裝有一定燃油量的定時燈在照明之餘，也成為礦工們的工作鬧鐘，燈油用盡之時就是該下班休息了。

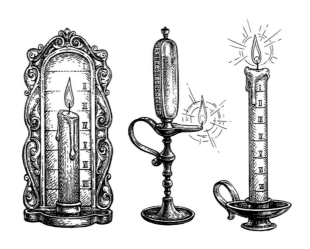

蠟燭鐘

蠟燭鐘

古中國對於使用蠟燭來記時的紀錄甚少，僅在詩詞歌賦中可見到隱喻，大約在西元六世紀時有相關描述。唐朝李商隱一詩中所述「春蠶到死絲方盡，蠟炬成灰淚始乾」，可推測蠟燭在計時上的應用。宋朝陳元靚的《歲時廣記》記載有「燒燭知夜，刻燭驗更」，更證實「蠟燭鐘」的確存在於古中國計時裝置歷史。

相對來說，西方在使用「蠟燭鐘」的直接文獻紀錄則相當多，據傳是由威塞克斯王朝（英格蘭王國前身）的阿爾弗雷德大帝（西元 872 年至 900 年）所發明。人們使用高約十二吋的細長蠟燭作為蠟燭時計，每一吋做一個記號，四小時可燒完一根蠟燭，也就是每吋燃燒時間約 20 分鐘，為

避免蠟燭被吹熄或受風吹影響燃燒速度，有時會另外用木盒罩住蠟燭，或是由燭台延伸出其他遮掩檔板來圍住蠟燭，於是便有將時間刻度雕刻於的遮掩檔板的設計。

　　然而，我們知道燃燒速度受蠟燭本質、蠟燭的融化再凝固、氣流和其他多項外界因素影響甚大，使得計時精度不是相當準確。而且蠟燭在古代也屬於高貴物資，長期消耗不符合經濟效益，因此蠟燭鐘並不盛行，相比之下，「燈鐘」反而較為廣泛使用，西班牙王室在夜晚也會以此來計時，至今德國、荷蘭等農村依舊沿用傳統使用。

香漏

　　線香或環香在中國文化中相當普遍，即便至今也十分常見，其中主要原因當然為焚香禮佛的信仰和習俗，但在古代則具備了燃燒計時的重要功能。

　　「香漏」就是古中國利用香的燃燒來設計的計時器，在香的本體上直接標註刻度或瞭解燃燒一支香的時間，就可記錄經過多少時間。根據香的外形，「香漏」發展有線香、棒香、環香（或盤香）等多種樣式，或考量設計拓模製作為圖騰外形，如：梅花或祥雲等樣式，可稱「五朵祥雲」；有融入風雅之興以及兼作祈福等他用，將香體拓模製成篆體字樣，因此有「香篆」之稱。此外，為追求「香漏」計時精確性，更配合周天百刻的時制，將香體細分為 100 個刻度，整體燃盡時就表示經過了一個晝夜，故有「百刻香」之稱。

　　同為燃燒計時，「香漏」與「蠟燭鐘」面臨了是否可以盡可能地保持均勻且等速燃燒的問題，所以古人們想方設法的保護香的燃燒。郭守敬發明「櫃香漏」，以木製櫃體將棒香放置於內部燃燒，並搭配時間箭尺來計時。「屏風香漏」則主要用於祭祀，將標註有時間刻度的棒香插在裝設有

屏風的香爐內，發明者與時間不可考。而漢朝時期發明的「被中香爐」也是「香漏」的其中一種類型，不僅可置於被窩薰香，用作計時，更是陀螺儀原理的相當著名的應用。

「香漏」在唐朝也發展出報時功能，較為簡易的設計為將盤香末端綁有鐵珠並懸掛於鐵盤或銅盤之上，當盤香燃盡鐵珠就會掉落於鐵盤上發出聲響。「龍舟香漏」或稱「火龍鐘」就是這類型的延伸設計，改以龍舟外形製作為棒香的載體，香上各時刻綁有鐵球，可同樣地透過鐵球掉落的聲響來完成報時。

埃及火鐘的裝置與中國的燃香近似，是在一個盤子上放上一根可以燃燒四個小時的編織燈芯。據文獻記載，建造墓穴時，一天的工時是兩根油撚子的燃燒時間，工人在一周八天的工作後可以休息 48 個小時。日本《時計讀本》一書記載，包含中國在內的東洋地區最古老的時計之一，是使用長兩呎的麻編織做成火繩來做為計時裝置，火繩上做有記號，可依據火繩燃燒的刻度來計算時間。

油燈時鐘

油燈是一種歷史相當久遠的器具，材質種類從陶瓷到金屬，幾乎各地文明皆有發展，油燈裝置本為照明之用，但是當加上了可以記錄燃油量變化的設計後，便使其轉變為「油燈時鍾」，成為了燃燒時計裝置的一類。古中國的「燈漏」之名容易讓人誤認為油燈時鐘，實則不然，因此在古中國的時計歷史上幾乎沒有油燈時鐘的使用。但是，油燈時鐘可常見於西方使用，主要是有一個透明的玻璃容器可用來裝置燃油，燃油多為鯨魚油，玻璃容器外側標註有刻度，使用者可直接觀察燃油高度的變化，粗略地估算流逝的的時間，無法進行精密的計時工作。至於西方油燈時鐘的起源仍是未知，僅知道大約於 18 世紀中期開始廣泛使用。

天文與時計裝置的結合

　　繞行不停的天體是人類產生時間概念並建立時間制度的起源，於是天文測量裝置和計時裝置有著環環相扣的關係，部分機械裝置更是兩者的結合，觀測天象來推測時辰和校正計時，更進一步地模擬和計算天體運動和日月食等天象發生時間，渾儀、渾象、水運儀象台、簡儀、仰儀、十字測天儀及安提基瑟拉天文計算機械，這些古代天文裝置究竟真有如史料紀載或現代學者復原研究成果一般精巧，也許明清留存至今的天文儀器可以給予一些佐證。

　　北京古觀象臺，從明初一直到民國初年間一直為朝廷和政府的國家天文台，也被稱作觀星台。至今，在這座天文台上仍存在有八座具代表性的銅鑄天文機械裝置，包含「璣橫撫辰儀」、「紀限儀」、「黃道經緯儀」、「地平經緯儀」、「赤道經緯儀」、「天體儀」、「象限儀」、「地平經儀」，這些文物的品項保存完整，天文量測功能完備且兼具工藝精美，在設計原理上充分體現了中西文化在天文學上的交流和衝擊。

十字測天儀

　　在天文學還處於肉眼觀測星空的時期，就必須測量天體的高度，以便於用來紀錄或換算相關時間和所處位置資訊，更因此影響航海科學和測量科學的發展。利用畢氏定理的概念，西方在 14 世紀時期出現了名為 Jacob's staff 或稱十字測天儀的簡易裝置，可用來量測星體距離地面的高度，由猶太法國人 Levi ben Gerson 於 "Book of the Wars of the Lord" 一書中提出。十字測天儀主要應用於航海時的天體測量，因外型被視為航海儀器的「弩」，由一根長桿和一根短桿垂直交錯組成，短桿兩端各穿一孔且可在長桿上滑動，長桿上則刻有角度及對應的比例尺。當進行測量時，使用者手持長桿並滑

動短桿，使短桿的下孔對其地平線（或海平線），上孔對其觀測星體，如此一來即可從長桿刻度讀取觀測星體的高度，並進一步換算出觀測所在緯度。由於構造簡易攜帶方便，因此廣泛應用於船隻航行時的位置測量。

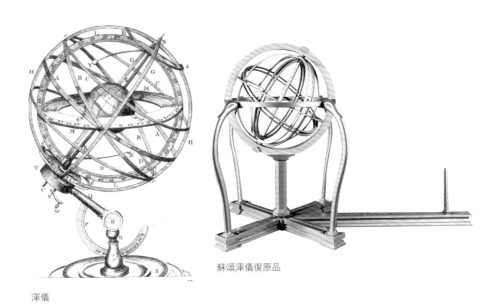

蘇頌渾儀復原品

渾儀

渾儀、渾象、渾天儀

「渾儀」、「渾象」、「渾天儀」到底是什麼？這些天文儀器的名稱和認定，即便經由史料考證，在網路極易傳播和取得的各項資訊中，仍是真假難辨，令人錯亂，真可說是成也網路，敗也網路。

「渾儀」和「渾象」實則是兩個不同的天文機械裝置，至於「渾天儀」反而是一個似是而非的稱呼，但反而最為大家所熟知。有一說法是把它當成「渾儀」和「渾象」的總稱，也有一說將「渾儀」稱為「渾天儀」，「渾象」稱為「渾天象」，但可確定的是張衡為其發明的天文儀器取名為「渾天儀」。

　　無論如何，若想正確稱呼一個儀器的名稱，應該徹底地從功能上來定義。「渾儀」是觀測天象使用的裝置，「渾象」是某時節星象的演示裝置，根據這樣的儀器功能定義，我們就可以瞭解落下閎、耿壽昌、張衡、李淳風、張遂、蘇頌、郭守敬……等諸位古中國歷代著名的天文學家們，他們所發明或改良的天文儀器到底應該是什麼。

　　「渾儀」用於測量天體黃、赤道坐標的觀測儀器，「渾」也有渾圓之意，可能也因古人將天體視為渾圓，所以渾儀多為圓環形成的球形觀天儀器。「渾儀」據傳是由西漢時期的落下閎和耿壽昌所發明，兩人使用這座儀器來觀測紀錄天象和相關天體週期，建立了「太初曆」。這座最原始的渾儀推測只包含四游儀和赤道環兩個基本配件。四游儀由一組雙重圓環內夾窺管組合而成，使其可以進行兩個軸向的轉動，讓窺管可以觀測整片星空，而四游移儀的圓環上刻有周天 365.25 度（也稱古度），可用來決定被量測天體距離北極星的角度，也就是「去極度」。四游儀雙環的轉軸是固定於赤道環，赤道環就是天球赤道的平面，環面上刻有二十八星宿，可從赤道環讀取量測天體的「入宿度」。

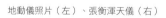
地動儀照片（左）、張衡渾天儀（右）

　　在目前的研究中，對於量測天體角度的天文儀器的起源仍有些許疑問，或許該討論是否可將其認定為「渾儀」。有一說法認為根據戰國時期石申和甘德製作的星表紀錄，應該已經有了輔助的觀測和模擬儀器，從《後漢書・律曆志》中可知漢朝初期就存在一種圓儀可用來量測角度，時間應更早於渾儀，1977 年在安徽阜陽一座古墓中就出土的一個標注二十八星宿的圓盤，推測可能就是《後漢書・律曆志》所描述的圓儀，也可能為「黃道銅儀」。

　　綜觀古中國的科技史，渾儀自發明以來，各代皆有仿製和改良，這個裝置的發展史最奇特之處是經歷了一個「由簡變繁，再反璞歸真地由繁化簡」。或許最早自西漢開始，一直至北宋期間，渾儀的環數越來越多，唐朝李淳風即製作「渾天黃道儀」，屬渾儀之類，在四游儀外設置有六合儀和三辰儀，可測定黃道、赤道和地平等系統的經緯度，尤其是在三辰儀上增設白道環來表示月亮位置。到元朝時經郭守敬努力，在維持功能下進行機構簡化設計。

　　「渾象」在可考的文獻紀錄裡，為西漢宣帝甘露二年（西元前 52 年）由大司農（相當農業部長）耿壽昌發明，他將渾天說具象化，學說中的天地結構與現實裡的漫天星斗均包羅於縮小模型中演示。「渾象」是以一個薄殼狀的大圓球來表示天球，上面依星表和觀測紀錄刻著星體，圓球中貫穿一轉動軸代表著極軸，圓球外有一座水平固定式框架表示地平架構，將天球經由轉軸設置於水平框架，如此一來就可以讓「渾象」隨天運行模擬天象。

　　常聽人說「張衡發明了渾天儀」，也將「渾儀」和「渾天儀」直接畫上等號，但藉著前文對「渾儀」和「渾象」的說明，張衡的渾天儀應該重新檢視和認定。東漢張衡主張「渾天說」，渾天如雞子，天體圓如蛋丸，地如雞中黃，更發明「渾天儀」來助其達成卓越的天文成就，但「渾天儀」

並無具體實物流傳，後世僅可憑《渾天儀圖注》或其他史料來對「渾天儀」旁敲側擊。「渾天儀」為空心鐵球，有黃道和赤道並刻上二十四節氣，球殼上有日、月、五星和滿天星斗，如同將星圖拓印於在表面的感覺，並有極軸可讓鐵球周天運行。因此，張衡的「渾天儀」應屬於「渾象」。

簡儀

　　「簡儀」是中國元朝天文學家郭守敬的一個改革創新的發明。在簡化結構設計的且維持功能的概念下，郭守敬將唐宋以來的既定成型的渾儀樣式和機構進行大幅度的簡化，因此裝置取名為「簡儀」。

　　傳統渾儀環環相套的繁複機構，原意在於整合多項系統於同一機械裝置，包含黃道坐標系統、赤道坐標系統、地平坐標系統及白道，好比一台多功能事務機，但這樣的整合設計在測量天體時反倒產生了缺點，過多的結構使得窺管的視線被渾儀自身阻擋，造成觀測盲區，雖然當代的工藝技術水平絕對可以完美製造出渾儀，但製造成本不啻是一項浪費。

　　面對這些操作渾儀上的缺點，郭守敬大刀闊斧地進行改革，除去整合設計的框架，僅保留觀測裝置所設定的功能，去除黃道環和白道環，分離赤道坐標系統和地平坐標系統，以雲架和龍柱來支撐，設計各自功能所對應的觀測機構，並以窺衡取代窺管，使簡儀的操作者可以擁有寬闊無阻礙的觀測視野。

　　簡儀的赤道坐標系統部分包含「四游儀」、「赤道環」和「候極儀」，可以看作是一個「赤道經緯儀」，以南北兩組雲架支撐，北方雲架高，南方雲架低。四游儀沿用舊有渾儀的雙環結構設計，圓環刻有周天365.25度，通過圓環中心的直桿稱為「直距」，它是天球坐標的極軸，需對準北天極，因此傾斜角度可反應儀器所在位置的緯度。赤道環的中心連接四游儀的南天極，環的內側刻著二十八星宿，外側刻著周天百刻的時制。為了提升讀

取量測數值的精準度，簡儀上設置了「界衡」，可 360 度轉動以便明確對準赤道環上的讀數。簡儀在赤道環上的一項重要改革是以「窺衡」取代「窺管」，「窺衡」的樣式是將兩個方型孔固定在直桿的兩端，沒有封閉的管狀結構，「窺衡」中則有十字結構，類似瞄準鏡的功能，增加觀星測量的準確度。至於「候極儀」則是為於「四游儀」的北天極上方，其功能是校正四游儀的定位，由一個定極環和一塊銅板組成，銅板應於於四游儀中心附近，銅板小孔和定極環小孔的連線必需跟四游儀轉動軸線平行，透過銅板小孔觀測北極星，使其落在定極環內或中心附近，即可使儀器達到可接受的定位標準。

簡儀的地平坐標系統部分則有水平轉動的「陰緯環」及「立運環」，為地坪經緯儀的結構。「立運環」位於北方雲架之下，「陰緯環」則位於「立運環」轉軸之下，兩者轉軸互為垂直，環上均刻有刻度，也是以窺衡來量測，界衡來讀取度數，取得測量星體在地平系統的方位角和高度角。

簡儀的基座除了雲架、龍柱和鰲柱外，也有四方水槽來定儀器的水平，其中尚有一個「正方案」，推測具有測定方向和地平式日晷的用途。

仰儀

「仰儀」，因其外型有如一個古代烹飪用的大鍋，裝置仰天朝上設置，因此也稱為「仰釜」，是元朝郭守敬的一項創新發明，主要用來觀察太陽在天體位置，仿效漢朝開始的水中觀日的概念，讓太陽投射於儀器上，可避免使用者眼睛直接收受來自太陽的強光導致傷害。

呈現半球狀的仰儀在鍋口處稱為「儀唇」，繞著鍋口一周挖有水槽，注滿水後可用來校正儀器的水準，相當於渾儀的地平圈。在量測的刻度方面，儀唇部分刻上 12 時辰和 24 方位，而鍋底則沿著球面交錯刻畫著網格來表示赤道坐標系統。仰儀裝置的南方方位設有一組十字交錯的直桿，稱

為「縮竿」，南北向的縮竿一端固定於儀唇，另一端則朝半球中心延伸，並在末端處裝上一個挖了圓孔的方形板，稱作「璿璣板」，「璿璣板」的圓孔對正半球中心。仰儀在使用時需轉動「璿璣板」，使板面正對太陽，讓太陽光通過針孔成像於釜底內側的刻度，讀取量測時太陽的所在的天體位置（去極度和時角），因此「璿璣板」的設置需要可以有東西軸向和南北軸向轉動的功能。

由於仰儀可量測日食發生的時分以及觀察日食的現象，因此廣受應用，被視為觀測日食儀器的鼻祖。仰儀雖廣為流傳至朝鮮和日本，但是以晷針取代璿璣板，使其失去觀測日食的功能而只存在日晷作用，可說是僅剩其形而不存其魂，稱為「仰釜日晷」。

「烏鼎仰儀」是仰儀的一個變革，以平民日常生活中常見的烏鼎來製作，將原本應該正水平而建立的仰儀依照所在緯度來傾斜安裝，如此一來可讓底部刻度更容易繪製，至於在縮竿則以鐵線取代，鐵線兩端綁於鼎耳，鐵線中央懸掛一顆鐵球，以鐵球的陰影取代原本的太陽光針孔成像，作為刻度指示用。

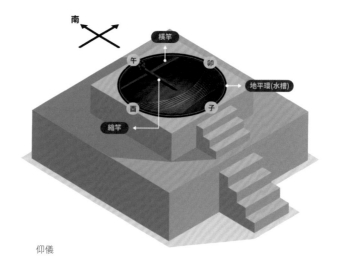

仰儀

蘇頌水運儀象台

　　歐洲雖為鐘錶發展的重鎮，歐洲的第一座機械式時鐘出現在 1320 ～ 1350 年間。但在研究了水運儀象台之後，英國科技史專家英國李約瑟博士在他的《中國天文鐘》中直接表明：中國天文鐘可說是歐洲中世紀天文鐘的祖先，並稱讚蘇頌是中國古代甚至是中世紀世界範圍內最偉大的博物學家和科學家之一。

　　北宋蘇頌設計製造的「水運儀象台」是世界上第一台具備天文觀測和演示以及計時報時功能的自動化機械裝置。這架 1087-1092 年間所製造的的古代儀器，結合「渾象」（1464 個星宿天球儀）、「渾儀」（天文觀測裝置）、五層的「木閣兼晝夜機輪」負責計時和報時功能，規模遠遠地超越了我們對於水鐘的想像。

　　根據《新儀象法要》記載，「水運儀象台」是一座下寬上窄的木構建築，建築體底面為邊長約七公尺的正方形，高度大約有十二公尺。「水運儀象台」整體可以分為三層，最上層是一個露天平臺，離儀象台基座約七公尺，露臺處設有渾儀一座，以龍柱支持並架設於水趺之上，可以校定裝置的水平；渾儀上方設置有可以隨意開啟關閉的木板屋頂來遮日擋雨，在觀測天象時才把屋頂打開。中間層為沒窗戶的密閉空間，設置有一座渾象，標有 1464 個星宿，僅露出它一半的天球以表示「地平」的表面之上，另一半則在「地平」之下，球體靠著機輪帶動旋轉，一晝夜轉動一圈，藉此演示真實地再現了日夜星辰的天象變化。最下層的空間為計時報時裝置和動力機構，在儀象台面向南方設有一道可以開啟的門，門裡就是報時功能的五層木閣，木閣後方就是作為動力系統的水運儀，也是目前我們所知道的世界上最早的擒縱調速機構。

　　水運儀象台的構思吸收了北宋以前各朝代儀器的優點，民間使用的水輪、水轉筒車、桔槔、凸輪、天平秤桿、漏刻等機械元件和機構，尤其是

參考北宋初年張思訓所改進的自動報時裝置，把觀測、演示和報時設備集中起來，組成了一個整體，成為一部自動化的天文臺。儀器的運作首先需要靠人力帶動提水裝置將水運送到擒縱裝置上方的天河（蓄水池），再由落下的水流帶動稱之為「樞輪」的水車。樞輪由槓桿式擒縱器加以控制，一天轉 100 圈。樞輪的動力會驅動「晝夜機輪」，一天轉一圈，使報時系統中手持時刻告示牌的人偶和鐘聲運作，並繼續傳遞動力使渾象和渾儀運行。

　　遺憾的是北宋時代的「水運儀象台」已經毀於 1127 年的戰亂中，無實體傳世，目前僅可從《新儀象法要》一書中對其操作描述和設計圖進行復原，如今分別在台中的科學博物館與日本長野縣諏訪湖畔的時間科學館「儀象堂」都可看到水運儀象台的復刻品。

水運儀為水運儀象台之「動力系統」

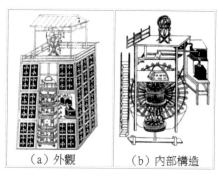

（a）外觀　　（b）內部構造

《新儀像法要》

安提基瑟拉天文計算機

　　安提基瑟拉島位於希臘最大島嶼克裡特島旁，一個希臘不甚出名的小島，島嶼總面積不過 20 多平方公里，人口不過 40 餘人，但卻因一次考古作業而聞名。

　　1901 年，一群採集海綿的船隊在安提基特拉島附近意外發現一個深藏在水下 42 米處的沉船遺骸，包含雕像、珠寶、寶劍、硬幣等多樣古希臘時期珍品的大寶藏中，藏著一個幾乎不屬於當代工藝的天文計算機，在歷史文獻或現有出土文物中，都沒有這個機械裝置的紀錄，因此便以發現地為其命名，取為「Antikythera Mechanism」，譯作「安提基瑟拉機構」，或稱「安提基瑟拉天文計算機」。

　　沉沒於海裡經歷近兩千年的歲月，「安提基瑟拉機構」出土文物的狀態十分糟糕，它曾經被認為僅是一塊腐木而棄置於博物館的一隅，所幸在 1902 年迎來轉變，木塊在風乾後崩壞露出了隱藏於其下的青銅製機械裝置，使得人類的科技史重要文物不致於流失，雖已嚴重鏽蝕且不完整，但仍讓世人驚訝其精巧的工藝技術。自此開啟了解密「安提基瑟拉機構」的研究，直至今日相關研究仍在世界各地學者間積極進行。該項出土文物目前保存於希臘雅典的國家博物館，被視為希臘國寶。該出土物件共包含 82 個碎片，經斷層掃描技術鑑定，碎片中目前已發現有 30 個三角形齒輪，其中 27 個齒輪位於最主要的 A 碎片，可辨識最大齒輪直徑為 13 公分，齒數為 223 齒，齒形呈現三角形，平均齒深約 1.6 公釐，齒輪厚度僅約 1.4 公釐，碎片上有許多銘文，是瞭解該機構功能的重要線索。

　　「安提基瑟拉機構」被定義為一座天文計算機，存在時間可能介於 100~205 B.C.，發明人無法確定，推測應為阿基米德學派的傳人。裝置外型是一個尺寸約為長 34 公分寬 18 公分高 9 公分的長方體木盒，轉動側邊的轉盤或曲柄來輸入動力，以此帶動內部複雜的齒輪結構進行運算，並在外

部刻盤上顯示出成果。

「安提基瑟拉機構」正面有一組同心圓刻盤，內環不動標註有黃道十二宮，外環可轉動並用來表示古埃及陰陽合曆，分有 365 小格表示一年 365 日，每 30 格（日）表示一個月，多餘的 5 格（日）即是古埃及曆法中的慶典或祭祀日，不屬於任何月份，每四年可回調一日以補足曆法和歲實的時間差異。正面刻盤推測有 8 個指針，可模擬並顯示日、月、五大行星的運動以及指出日期。在指針上更有一座月相顯示機構，隨太陽和月亮運行同動，透過黑白各半的圓球來在孔洞內顯現月相的盈缺變化，這項月相顯示設計與其他年代已知設計皆不同，如：波斯星盤、伊斯蘭曆法計算器、拜占庭日晷等附加有月相顯示功能的裝置，都是採用平面式圓盤並刻畫有黑圓和白圓來設計。

「安提基瑟拉機構」背面有上下兩組刻盤，上半部刻盤組作為曆法計算，下半部刻盤組可預測日月食的發生時間。上半部刻盤組有一個由 5 道螺旋形成的大刻盤，每道螺旋有 47 格，因此 5 道螺旋共有 235 格，表示 19 個回歸年等於 235 朔望月的「默冬週期（Metonic cycle）」，螺旋刻盤內部中心的左右兩側各配置一個分為四等分的小圓刻盤，右側刻盤指針四年轉動一圈，表示「奧林匹克週期（Olympiad cycle）」，左側刻盤指針為 76 年轉動一圈，表示「卡利皮克週期（Callippic cycle）」。下半部刻盤組有一個 4 道螺旋的刻盤，分為 223 格，表示 235 個朔望月，用來計算「沙羅週期（Saros cycle）」以預測日月食的發生，螺旋刻盤中心右側有一個分為三等份的圓刻盤，表示「伊利默斯（Exeligmos cycle）」，可將沙羅週期預測日期整數化。

為了產生「安提基瑟拉機構」外部各項功能，其內部配置著一個齒輪系來進行各項天文週期計算（即轉速換算），可區分為日期子系統、曆法換運算子系統、日月食計運算子系統、太陽子系統、月亮子系統、內行星子系統以及外行星子系統等七個子系統，與出土文物相對照，曆法換運算

子系統和月亮子系統為不完整或不清楚的部分，太陽子系統、內行星子系統以及外行星子系統則為完全失傳。至於機構外部則還有顯示月相的周轉齒輪系。

從科技發展史的層面來談，「安提基瑟拉機構」是一個相當特異的存在，矗立於科技史的某一時間點。以精湛且精準的製作工藝為實踐，利用精巧的機構設計來完成天文曆法的學理計算，如此複雜的機械裝置一直到 14 世紀才出現由喬凡尼（Giovanni Dondi dell'Orologio，1330~1388）設計的天文鐘，在技術水準層面可與之比擬。然而，在「安提基瑟拉機構」之前，或在其之後至天文鐘出現前，西方機械史對於此類型天文計算機構幾乎是一片空白，在齒輪機構的用途上多著重於力量的傳遞和轉動方向的改變，齒輪比（即轉速比）的運用雖可見，如：水輪石磨、水輪鋸木裝置等，但未見有使用於週期變化的設計。由此可見，「安提基瑟拉機構」在齒輪機械裝置發展的重要性，其雖非計時裝置，但實可作為鐘錶機械的鼻祖。

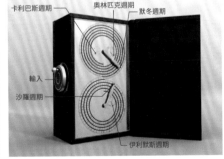

安提基瑟拉復原模擬（左，正面；右，背面）

第八章

︾

機械時計發展的風火雲湧

︾

西元 1199~1207 年	西元 1281~1367 年	西元 1645~1741 年	西元 1912~迄今
統天曆	授時曆	時憲曆	公曆

【南宋時期】楊忠輔制訂
一個回歸年 365.2425天
一個朔望月 29.530594天

【元朝時期】郭守敬等制訂
一個回歸年 365.2425天
一個朔望月 29.530593天

【清朝時期】湯若望制訂
主撰曆法,改《崇禎曆書》為時憲曆,
正式頒行於 1645 年,西洋曆算正式
走入中國曆書

【中國】孫中山先生頒布《改用陽曆令》
公曆一九一二年一月一日
中國從此確立公曆作為官方曆法

五輪沙漏
西元 1390 年
元朝時期
記載於《元史・天文志》

六輪沙漏
西元 1570 年
明朝時期
記載於《明史・天文志》

西元1582年
格里曆

【羅馬教皇】格里高利制訂
一年長度365.2425天,共12個月
每四年於二月最後一日置一個閏日,有366天的閏年

鐘 ——	「微型鐘錶」生產 ——	「懷錶」生產 ——	「鐘擺」的故事 ——		
	首批微型錶生產	首枚懷錶生產	發明重力擺	擺鐘（原型）	擺鐘（專利）

	西元 1530年	**西元 1574年**	**西元 1582年**	**西元 1656年**	**西元 1657年**
座鐘	德國 - 紐倫堡	瑞士	義大利 - 伽利略	荷蘭 - 惠更斯	荷蘭 - 惠更斯
力的	波曼德錶表	以青銅製成		修正重力擺並引入機械鐘	取得設計專利以擺錘作為
更加精准				取代重力齒輪推動	振盪器的擺錘機軸擒縱調速器
				為史上第一台擺鐘原型	每天誤差一分鐘內

—— 石英錶 ——	原子鐘 ——	銫原子鐘 ——	光學鐘 ——	
石英錶在瑞士誕生	第一個原子鐘誕生	銫原子鐘誕生	光學鍶原子鐘誕生，每150億年誤差1秒	

	西元 1966/1967年	**西元 1949年**	**西元 1955年**	**西元 2015年**
	瑞士	美國	美國	美國

E come cerchi in tempra d'orïuoli si giran sì，che 'l primo a chi pon mente quïeto pare，e l'ultimo che voli;

鐘錶機械輪子正在轉動，由觀看它們的人來看，當第一個輪子似乎靜止時，最後一個輪子卻在飛翔 -- 但丁神曲

鐘聲敲響的機械式時計

　　時間測量裝置是一項必需品，在體制社會下影響人們生活作息，因此計時裝置改革的步伐一直持續前進。古中國在天文和計時裝置部分，除水運儀象台（1092 年）、大明殿燈漏（1231~1316）、五輪沙漏（1360 年）、六輪沙漏（1360 年之後，時間無法確定）外，甚少有機械式計時裝置出現。歐洲對於時間測量工具的變革到 12 世紀初期仍相當罕見，12 世紀中歐洲人開始了東進商業貿易和考察的活動，間接促成他們對伊斯蘭鐘錶和中國錯綜複雜的水鐘有所瞭解，奠定了歐洲發明家製作改進鐘錶設計的基礎。

　　機械式計時裝置最早於何時發明到現在仍沒有定論，不過從水鐘、沙漏等流體計時裝置來看，機械式時計裝置可以推測為一種以重力作為動力源的設計，約莫就是出現在 13 世紀的「重錘時計」。但丁（Dante）神曲（La Divina Commedia，1316-1321）的天堂篇（第二十四歌，13 至 15 行）中寫道：「正好像鐘錶內的許多齒輪互相囓合驅動，第一個輪子似乎不動，末一個像飛。」，這段文中指的正是齒輪機制的運動。

　　但丁神曲原文：E come cerchi in tempra d'orïuoli si giran sì,che 'l primo a chi pon mente quïeto pare, e l'ultimo che voli;

　　英譯："And just as,in a clock's machinery,to one who watches them,the wheels turn so that,while the first wheel seems to rest,the last wheel flies; "

　　「塔鐘」是西方世界機械式計時裝置最早出現的樣式，透過鐘樓、教堂或城牆等大型建築物提供充分的高度，儲存重錘的重力位能，可在計時裝置作動時轉換為所需的工作動能並進行長時間的運作。這類以重錘為動力的早期機械式時計裝置，透過近似皇冠外型的「輪形元件」和擺動天秤式的「棒狀擺輪」的組合，組成「立軸擺桿型擒縱裝置」，以此來調整重錘移動的速度。目前已知使用這一類擒縱裝置的機械式計時裝置的最早紀錄為 1336 年義大利米蘭的禮拜堂，隨之更多改良的或創新的擒縱系統設計

出現，機械計時裝置逐漸流傳運用於歐洲大陸，至於英國則在 1368 年才有了鐘錶製造商出現。然而，即使機械計時裝置再流行，其計時精度仍相當不足，有時候甚至可讓運轉一天的誤差達到一小時。既然無法達到「小時」以下的計時精度，人們就避而不談，所以計時裝置便只配置時針，而沒有分針和秒針。

塔鐘雖然體積龐大笨重且精準度不高，但也因為它夠高，所以可以充分發揮讓時刻能廣為周知的功能，除了「顯時裝置」之外，還設置了「報時裝置」的鐘聲，運用聲音傳播，讓遠處無法看清時間的民眾，也可聽音辨時，了解現在為哪個時刻。在夜間和室內計時的要求下，機械式時鐘的尺寸勢必要走向小型化設計，因此檯式或掛式時鐘便隨著機械工藝的發展而產生，奇特的是，在座鐘或掛鐘出現之際，可隨身攜帶的錶幾乎也同時出現了。

機械時計裝置

從觀天體運動的大型計時遺址，到日晷、水鐘（漏刻）、沙鐘、蠟燭鐘等擺放於室內或桌面的時計裝置，人類運用太陽計時、流體計時、燃燒計時等方式逐步跨越前進，開啟了調節和校正時計裝置的大門，擒縱裝置設計、單擺、重錘、游絲、擺輪等機械元件逐個因需求而生，等時性的要求催生了屬於機械計時裝置的時代。從機構的觀點來說，一個機械式計時裝置基本包含「動力系統」、「走時系統」、「擒縱調速系統」和「指時系統」，而擒縱調速系統包含了擒縱機構和振盪調速機構，可將二者分開來進行更仔細地探討。

動力系統

　　機械式時計裝置必須有固定且穩定的動力系統來提供整個機械裝置作動，猶如是人體的心臟，動力能源主要為重力位能和彈性能，來自於重錘和發條等元件。然而，若將機械式時計裝置的定義標準放寬，則蘇頌的水輪儀象台將也可算上一筆，其水輪裝置除提供動力外，也同時經由水輪秤漏產生擒縱功能，可謂一舉兩得，也是唯一使用水輪的機械式時計。

　　重錘動力系統的設計就是將重物透過曲柄轉軸或滑輪組提升到高處，由重量和高度來轉換重力位能，重物下降時就可將位能轉換為機械時計裝置的動能，重物材質不限。發條即為扭轉彈簧，屬於彈簧的一種類型，透過薄鋼片的扭轉變形來儲存彈性位能，再經由能量轉換來驅動裝置。發條通常安裝在發條盤（盒）內，發條盤具有齒輪外形，可將動力經由該發條齒輪傳動至走時系統的齒輪系，隨著機械時計的運行來逐漸恢復簧片鋼的變形量，需再透過上鍊的過程來再次扭緊並收縮發條。發條早期多以碳鋼合金的材質製作，而後逐漸為各種經由冷軋製成的特殊合金所取代。

走時系統

　　走時系統負責動力傳遞，它是一個齒輪傳動系統，可以運用齒輪系裡面齒輪傳動比的設計，把等速的輸入動力產生每小時一圈、每分鐘一圈、以及每秒鐘一圈等轉速輸出，完成手錶時、分、秒的指示功能。

　　走時系統通常為一般複式齒輪系，分為五個齒輪轉軸，每個齒輪轉軸通常包含有一個大齒輪及一個小齒輪，由大小齒輪嚙合來傳遞能量。一號齒輪軸連接發條盒，為走時傳動系統的動力輸入，大齒輪常稱為一番輪（車）；二號齒輪軸連結分針，大齒輪稱為二番輪（車）或分針輪；三號齒輪軸為轉速變換，大齒輪稱為三番輪（車）或過輪，即是惰輪；四號齒

輪軸與秒針連結，大齒輪為四番輪（車）或秒針輪；五號齒輪軸連接擒縱調速系統，大齒輪稱為五番輪（車）或擒縱輪。

對於機械式鐘錶而言，走時傳動系統達成轉速變換的功能，並且有效的延長發條裝置的工作時間，在鐘錶上鍊後即可讓發條盒發揮強大功能，提供數十小時，甚至到數天以上的工作時間。

擒縱調速系統

擒縱調速系統包含了擒縱機構和調速機構，這兩項機構相輔相成，彼此緊密連動。擒縱機構的功能為動力的接收和釋放，將經由走時系統傳送過來的動力分段地分配給調速機構，產生近似於脈衝波的作用；調速機構的功能為調節鐘錶走時的速度，經由振盪和擺動等週期性往復式方式來回饋控制擒縱機構，有效維持鐘錶正常且精準的運作。理想化來說，如果動力充足且能量恆定，擒縱調速系統將可讓裝置永恆運轉，這項人類智慧的結晶特別是為鐘錶而生。

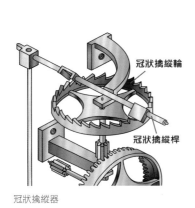

冠狀擒縱輪

冠狀擒縱桿

冠狀擒縱器

錨形擒縱器

　　擒縱機構由擒縱輪和一個與擒縱輪搭配的機械元件組成。1237 年，法國建築師 Villard de Honnecourt 所設計的連桿機構並不被學者所認定為擒縱機構，因此在西方世界，最早的擒縱機構多認為是理查德（Richard of Walling-ford）在 1322 年為建造聖奧爾本斯修道院的時鐘所提出的設計。根據理查德在《Tractatus Horologii Astronomici》手稿中的描述，擒縱輪為一對輪狀機械元件所組成，兩個輪狀物周圍均有呈徑向分布的齒，輪齒彼此交錯，透過這樣的設計來產生來回交替的作用，稱為 strob escapement。約在 14 世紀擒縱機構發展初期，擒縱輪的樣式設計有如西方國王的皇冠，稱作「冠狀擒縱輪」，可配合振盪機構和鐘錶的空間，呈現垂直和水平兩種配置。之後，伴隨著鐘錶工藝的發展，擒縱輪幾乎多演變為類似齒輪或棘輪外型之輪狀元件。

　　在早期地擒縱機構發展裡，與冠狀擒縱輪互相搭配來產生收放作動的機械元件，是一根具有兩道如槳片般的棘爪的機軸，兩者組成「機軸擒縱機構（verge escapement）」，具有棘爪的機軸和冠狀輪的軸向互相垂直。在機軸擒縱機構之後，與擒縱輪搭配的機械元件外型大多像船錨或叉子，因此便多以擒縱叉或擒縱爪來作為稱呼，擒縱叉更有限制其工作的限位釘，可提升擺動精度，也就是現在大家所熟知的機械鐘錶樣式。

　　機械式鐘錶的振盪機構主要有擺桿、擺錘和擺輪游絲三種型式。擺桿式的振盪主要與機軸擒縱裝置搭配，組成「機軸擺桿式擒縱器（Verge Foliot Escapement），擺桿與機軸呈垂直固定，擺桿兩端可選掛配重，透過配重的重量及懸掛點和軸心的距離（力臂）來調整振盪頻率。擺錘的週期性運動是產生振盪的良好條件，可與機軸式棘爪和擒縱叉組合，擺錘振盪與擒縱叉的組合，可減低時鐘整體的體積。顧名思義，擺輪游絲是由擺輪和游絲兩個部件結合而成，擺輪是一個質地均勻的輪狀元件，重量主要分布在輪緣的設計可提升來回旋轉的效益，製作材料要求甚高，需要熱膨脹係數小

且強度高的材質，可確保長期使用下不產生變形且不受溫度影響。游絲則是呈螺旋狀的細微扭轉彈簧，游絲內外端均固定在各自的游絲樁上，可透過游絲樁和快慢針位置來調節來回擺動頻率。擺輪游絲的振盪組合就是利用了能量轉換的概念，將擺輪轉動的動能儲存為游絲扭轉的彈力位能後再釋放為動能，如此一來，就可形成擺輪順逆時針轉動而游絲扭緊放鬆的配合。

擒縱和調速兩種機構在結構和機械元件方面的多樣性設計，組合出令人眼花撩亂的擒縱調速系統。若以運動特性和原理來區分可概分為「返回式擒縱器（Recoil escapement）」、「摩擦靜止式擒縱器（Frictional rest escapement）」、「自由擒縱器（Detached escapement）」等三類型。

「返回式擒縱器」或可稱「回退式擒縱器」，主要從機構的運動特性來稱呼，當擺輪（或擺桿）轉到行程尾端準備轉換方向之際，擒縱輪與棘爪接觸產生衝擊，後座力及運動慣性將迫使擒縱輪退回一小段後再前進，這種後退運動會影響到秒的計時，冠狀輪擒縱機構（機軸擒縱機構）和錨形擒縱機構即屬於此類型。「摩擦靜止式擒縱器（Frictional rest escapement）」的結構中，擒縱輪始終與擺輪軸心或其部件維持接觸，而擺輪軸心的作用相當於擒縱爪，因此可避免掉「返回式擒縱器」因衝擊產生的退回作動誤差，提升計時精度，但轉動部件始終維持接觸，容易產生摩擦損耗，因此耐用性較低，工字輪擒縱機構就屬於這類型。為了徹底擺脫擺輪來回轉動的慣性對於擒縱機構的影響，鐘錶技師們發展出「自由擒縱器（Detached escapement）」，讓擺輪能自由運轉，僅在動力傳輸時與擒縱機構接觸，由於兩者的接觸時間降低，互相影響程度便越少，進而提高走時精準度，槓桿擒縱裝置、天文台擒縱裝置、寶璣自由擒縱裝置都是屬於這類型的設計。

振盪裝置－鐘擺、落體和等時性

　　「因為一顆落下的蘋果，牛頓發現了地球引力」，這個故事廣為流傳且深植人心，但其實在牛頓之前，西方世界已有許多科學家指出了地球引力的存在。在機械式計時裝置發展中，重錘動力系統就已暗喻了重力的存在；擒縱系統的棘爪收放，運用了重力與單擺的設計，使其產生週期性的來回運動，在此就不得不提到伽利略・伽利萊（Galileo Galilei）、喬瓦尼・里喬利（Giovanni Battista Riccioli）、克里斯蒂安・惠更斯（Christiaan Huygens）等三位赫赫有名的科學家，他們如何在「重力、單擺和等時性」等彼此關聯議題上透過研究的接力和競合，開創出科學與機械鐘錶的新局面。

　　談到單擺，我們應不能忘記伽利略・伽利萊（Galileo Galilei，1546~1642）這位「現代科學之父」，對自然科學的研究啟蒙了艾薩克・牛頓的古典物理，史蒂芬・霍金亦盛讚其科學成就。據傳伽利略開始對鐘擺實驗產生興趣是因為教堂吊燈的擺動，他以自己的脈搏作為時間單位來對單擺運動進行測量，根據實驗結果認為一座簡易單擺的擺動週期是固定的，並不受擺動幅度的影響，也就是「單擺運動具有等時性」。此外，在溫琴佐・維維亞尼為伽利略所寫的傳記中聲稱，伽利略曾在比薩斜塔上進行自由落體的實驗，證明了物體落下時間和物體質量兩者間並無關係。伽利略的自由落體試驗和單擺等時性這些結論對於計時裝置來說是一大福音，於是簡易的單擺週期性運動開始變得不簡單，科學精神促使人們開始實驗和探討。伽利略的兒子就曾試圖依照其父親的研究來打造一座大擺鐘，但因為無法製作一個可以對應大擺幅的冠狀擒縱輪，巨大擺鐘的建置工程沒有成功。

　　16 世紀的義大利神父喬瓦尼・里喬利（Giovanni Riccioli，1598~1671）是位偉大的科學家，沉醉於天文學的研究，著有《新天文學大成》並廣為流傳，該書分為兩卷十冊，在第二冊的內容中就詳細的論述了自由落體和

單擺的實驗，被認為是第一位精確測量自由落體重力加速度的科學家。在喬瓦尼・里喬利近乎瘋狂地對重錘擺動重複實驗中，提出了小幅度擺錘運動的運動週期常數僅為 0.00062，一個令人難以相信的實驗數值！使他更肯定地提出，一旦單擺地擺動幅度擴大到 40 度，擺動週期也會增大。基於對單擺和週期的了解，喬瓦尼・里喬利致力開發一個擺動週期為一秒的穩定單擺，也就是「秒擺」，可應用於機械式時計裝置的調時系統，同樣地經由實驗測試，並以天體運動來作為校時基準，單擺在長達一日 24 小時的連續擺動下，實驗取得的平均週期與秒擺週期的誤差值僅介於 0.0069~0.0185 間。雖然這樣的結果在當時已是十分令人震驚，甚至被用來校正其他鐘錶的擺動週期，但對喬瓦尼・里喬利來說，這僅是一個相對於其他方式來說較為可靠的設計，並不是一個完美的成品。

　　根據伽利略・伽利萊和喬瓦尼・里喬對於重力和單擺的研究，荷蘭天文科學家克利斯蒂安・惠更斯修正了單擺等時性原理，他發現單擺只有在擺角比較小的情況下等時性才能成立，一旦擺幅較大，單擺的等時性運動就不精確。為了補償單擺的不等時並提出真正的等時單擺設計，惠更斯從擺線幾何性質的證明開始，而後將擺線理論應用於機械，透過兩道簧片來改變單擺實際擺動的長度，並將此概念置入於機械式時計裝置，設計出了嚴格等時的擺鐘結構，在 1656 年科斯特根據惠更斯的設計製作出世界上第一座擺鐘，其每日的時間誤差值小於 1 分鐘，更有一說是時間誤差僅為 15 秒，無論何者，惠更斯擺鐘的精確度均遠超當代時鐘設計製作水平，而這座擺鐘設計也在發表隔年（即 1657 年）取得設計專利。

　　為了滿足天文、航海以及測量海上地理經度的使用需要，惠更斯設計製作了兩個擺鐘，其中一個原為備用的目的，但反而因此發現了擺鐘的共振現象。1665 年，惠更斯因病臥床時意外發現到一個奇怪現象，當他啟動兩個擺鐘時，無論他們從哪個位置或哪個時間點開始作動，在經歷一小段

時間後，兩個擺鐘的擺錘會以相同的頻率但相反的方向擺動。這個在當時連惠更斯也解釋不了的問題，就是著名的「惠更斯擺鐘」之謎。

1673 年，惠更斯將其對於擺鐘的研究和設計集結發表《擺鐘論》一書，內容詳細說明擺鐘的設計描述、擺動的分析，以及曲線理論，可說是鐘錶學的代表著作，與 1638 年伽利略發表的《兩種新科學》和 1687 年牛頓發表的《自然哲學的數學原理》齊名，被認為是 17 世紀力學研究的三大著作。

振盪裝置－虎克或惠更斯的游絲

細心觀察靜止的機械錶中，應不難發現一道細微的螺旋狀金屬零件，那就是「游絲」。游絲是彈簧的一種，與發條外型相似，但是尺寸更為精細。游絲與擺輪結合在一起後，透過游絲樁近似於限位的功能，可使游絲這條細微彈簧回彈並促使擺輪轉向，進而控制擒縱系統，使擒縱叉跟著換方向擺動，如此即可滴答滴答地產生一擒一縱的動作，機芯就活過來了，因此游絲就是設計者賜予機械錶的靈魂。

游絲約出現於 1660 年，發明者認定不一，有人說是羅勃特虎克，有人則主張是惠更斯。羅勃特虎克（Robert Hooke，1635~1703）是英國在 17 世紀偉大的科學家，在物理學上具有相當多成就，尤其在力學方面有相當卓越的貢獻，建立了物體的彈性變形與外力成正比的「虎克定律」。對於機械式鐘錶，虎克約於 1657~1658 年間開始在喬瓦尼‧里喬利（Giovanni Riccioli）的鐘擺落體的實驗基礎上改良擺錘機構，投入研究了計時機制的研究。1670 年和 1675 年，虎克及惠更斯幾近同時發明游絲，了解螺旋彈簧振動週期的等時性，接著又相繼將游絲與圓形擺輪結合產生擺輪游絲，搭配錨型擒縱機構，產生一種能在一定角度間來回間歇轉動的設計。擺輪游絲裝置的出現終於消除了當時擺錘鐘錶精度低的主要缺陷。

經由螺旋彈簧迴轉長度來控制週期，至今仍是鐘錶中的關鍵部件，是

鐘錶界的極大的貢獻，使一天的計時誤差縮小到數分鐘之間，使得鐘錶開始可以精確地測量小時。於準確性的極大提高，分鐘指針終於成為所有手錶的標準配置。另外，這些裝置的發明使得機械運動的方式可以在一個扁平面上進行，由此一步步地拓展了攜帶式時計的高精度化之路。

　　正因為擺輪游絲的重要性，世人對這一裝置的優先權問題，在虎克和惠更斯兩人間產生了長期的爭論，直到 2006 年在英國漢普頓郡一戶人家的櫥櫃中發現了虎克關於皇家學會會議的記錄，提供了對虎克相對有利的證據。

振盪裝置 - 石英振盪器

　　樹大會長出新的枝枒，逐漸成長茁壯的機械錶如同此理般地出現了分支。從動力源和振盪器開始，保留走時和指時系統的齒輪系，以電池取代了發條，以特殊材質的物理特性進行改革，發展出石英振盪器和 IC 電路將擒縱和振盪機構取而代之，機械式的擒縱調速系統消失了。

　　石英振盪器（quartz crystal unit 或 quartz crystal resonator）是一種電子元件，以石英晶體來產生高頻率的脈衝波或訊號，配合電路設計來驅動步進馬達，完成更穩定的振盪並釋放動力的作用。石英振盪器的種類相當多，也有許多不同的振盪頻率，其中應用於石英表者的振盪頻率為 32.768kHz。

指時裝置

　　簡單地說，鐘錶面盤上顯示時間甚至日期的裝置，即是指時裝置，最基本結構包含時針、分針和秒針等指針以及錶盤。隨著機械時計的發展，鐘錶也成為了穿戴配件的一環，原本簡單的指時系統可透過機構設計而有多種變化，一個錶盤上可具備多項功能，而不是只有幾根繞著錶面中心轉

動的指針。事實上，指時裝置在機械式時計裝置或天文裝置發展初期就有
許多特殊設計，如：蘇頌水運儀象台中由不同服飾的人偶來代表不同時辰；
安提基瑟拉天文計算機中，搭配螺旋刻盤設計的可變化旋轉半徑的指針，
使指針再沿著螺旋刻盤的滑槽運行。

陀飛輪

　　鐘錶機芯在調速和擒縱的部份，如果長期承受固定方向和大小的重
力，固然可以針對它產生的摩擦力特別進行調整，然而在現實上，即使重
力本身的方向和大小固定，但由於調速、擒縱各部件在作動過程中會處在
各種不同的姿勢，因此對鐘錶機芯來說重力的影響將不是固定不變的，特
別是游絲，由於它為單一方向捲成的，一旦和重力方向平行的話就很容易
產生偏差。

　　我們只要想像一下懷錶的使用情形就會知道，比起面盤朝上的狀態，
鐘錶機芯更多時候是在 3 點或是 6 點朝下的狀態，也就是擺輪是在跟重力
平行的面上擺動的狀態下使用。擺輪是靠游絲的彈性來確保等時性、維持
精度，一旦重力有所偏差，等時性便難以確保，因此姿勢偏差自然成了精
度下降的原因之一。因應這個問題，遂有了抵消姿勢差的「陀飛輪」機構
產生。

陀飛輪

　　陀飛輪是 1795 年由亞伯拉罕・路易・寶璣所發明。這個複雜的機構最早是用在懷錶上。陀飛輪將負責擒縱、調速的擒縱輪和擺輪收到一個金屬框架裡，讓整個框架以固定的速度旋轉。利用整個框架旋轉，重力的影響被區分成正向的和反向的，框架旋轉一圈正反力道互相抵消，精度因而得以維持。對於陀飛輪來說，重力造成的姿勢差不靠結構性的原理來解決，反而有效利用重力，讓框架的自轉運動抵消姿勢差。

鐘與錶的發展

　　在古代中國，「鐘」最早被作為一種打擊樂器的稱呼，寺廟裡的幕鼓晨鐘，編鐘更是深具中國音樂文化的樂器。而後，「鐘」由於金石之聲蕩漾，可傳至遠方，漸被配合實際裝置使用在報時的用途，約至唐朝，「鐘」有了計時的含意，現今我們更習慣稱呼為「時鐘」。至於"clock"一詞則來自於拉丁語的"clocca"，帶有計時的意思，推測應發源於自義大利。「錶」應同於「表」，由圭表表示計時的用意，至於何時將小型可攜帶式的鐘稱為錶，則未能確定，"watch"一詞則有監視和觀察的意思。

　　現今最古老的工作時鐘是位於英國索爾茲伯裡大教堂，於 1386 年完工。它的設計目的是在鐘點敲響，提醒當地教區居民的服務時間，並規範了城鎮的工作日。這個時鐘沒有任何面盤，僅是經由敲擊來告訴大眾時間。在 13 世紀初，義大利建造了三個機械鐘。一個是天文鐘，第二個是每小時響鈴，第三個是指示小時，日出和月份。隨著歲月的流逝，鐵匠們繼續在鐘樓和城鎮中建造讓鐘聲響起的鐘。

　　鐘錶的製造到了 16 世紀，在材料上主要採用黃銅、青銅和銀，而不是之前使用的鐵。在 1540 年代，瑞士製錶業誕生了，因為瑞士教改革者約翰・加爾文（Jean Calvin，509~1564）禁止人們佩戴珠寶，這項措施迫使珠寶商學習另一種工藝，也就是「製錶」。懷錶（Pocket watches）的發明遠早

於腕錶，在 1574 年，第一個已知的懷錶（Pocket watches）在瑞士生產，是用青銅製成的，正面和背面都有宗教描繪，一側描繪了聖喬治，另一側描繪了耶穌被釘十字架，圖案直接反映了當代的宗教狂熱。

鐘錶發展在歐洲

　　1820 年後，槓桿式擒縱成為所有鐘錶製造商的標準裝備，直到今天還沒有改變。1857 年是我們看到第一隻採用標準化零件製成的懷錶問世的年份。在工業革命的推動下，這種手錶很快席捲了整個歐洲和美洲，使每個人都可以購買便宜，耐用和準確的手錶。到 1865 年，在美國的鐘錶公司已可以製造 5 萬多隻可靠的手錶，不久之後，其他公司也加入了製造工作。1880 年至 1900 年間，人們首次嘗試標準化時間，這不僅是為了創建時區，而且還因為許多科學實驗和公共交通系統對精確時間測量的需求不斷增長。

可攜帶式鐘錶

　　在機械時計被發明之前，人們的生活就已經因為文明的發展而逐漸離不開時間，室內計時的必要性也在太陽時計以外的計時方式中體現出來，水鐘（漏刻）、火鐘、燈漏、沙漏等計時設計多不勝數。機械計時裝置不僅被期望要可以提供早期設計所具備之功能和便利性，在計時要求上還要更為準確，人們貪婪的慾望，漸漸地希望把機械計時裝置變成一種生活必需品，因此機械時計走向小型化，當然也考驗鐘錶匠人的設計才能和工藝。

　　13 世紀時的歐洲就已經存在塔鐘，不過這時的塔鐘的內在結構不存在機械式的擒縱機構，只可算是水鐘的一種。14 世紀時期歐洲的塔鐘出現了天文鐘的版本，錶盤多了星體的顯示，設計製作更顯難度，在 1322 至

1327 期間分別建造於英國的諾里教堂及聖奧爾本斯修道院；而在 1367 年，義大利的天文學家兼鐘錶師喬凡尼・東迪（Giovanni de' Dondi）提出名聞遐邇的天文鐘，直接將天文鐘縮小至高度約 90 公分的座鐘尺寸，為機械史上飛躍性的發明創作，達成小型化設計之餘還兼備模擬天文週期運動功能。

15 世紀之後的歐洲鐘錶技術幾乎是跳躍的發展，高超的鐘錶家滿足了世人的願望，可融入家庭使用且方便攜帶的鐘發明之時，尺寸更小的懷錶和袋錶這段插曲也出現了，於是，鐘和錶雙軌並行著前進。

約在 15 世紀末期，英國發明了燈籠式時鐘（Lantern clock），這是一種由重錘為動力的機械掛鐘，多為黃銅製，在 16 世紀初期廣泛的應用於英國的私人家庭，後來演變有擺錘和發條的型式；1629 年，德國奧格斯堡的 Philipp Hainhofer（1578~1647）提出了增加報時功能的咕咕鐘（cuckoo clocks），這類型的掛鐘直到 19 世紀才慢慢被淘汰，多變為裝飾用。托架鐘（Bracket clock）是發展於 17 到 18 世紀的檯鐘，也是小型擺鐘的一種，具有報時功能，與掛鐘相比最大的優勢在於它的可移動性；托架鐘上有手把可讓人將鐘提著走來變換使用地點，在鐘錶仍屬於高價奢侈品的年代，這樣的設計對於家庭使用是相當便利的，當我們需要待在哪個房間時，就把鐘帶到那個房間。也許是托架鐘有一定的重量，18 世紀中期法國發展了一款壁爐鐘，無把手設計，直接將鐘放置在壁爐上方的架子。此外，既然鐘錶匠師們都已經考慮到計時鐘方便攜帶的特性了，19 世紀初法國發明了一種專為旅行移動時設計的發條時鐘，稱為馬車鐘，因多提供政府官員使用，也有官員時鐘的別稱。

15 世紀末期後，歐洲各國不斷擴展科學新知，產生了許多發明；新航線的發現，證明了地球是一球體，也造成了通商與殖民的興盛。民眾的物質生活越來越富有，思想也跟著自由起來。到了十六世紀，歐洲各地開始質疑基督教清貧素樸的精神已被扭曲，於是引發出不同形式的「宗教改革」

運動。巴洛克藝術便是在這樣的時代背景下誕生。在這個時代背景下，鐘錶進入了「裝飾時代」。除了在機械設計的發明和製造技術上的持續提升外，鐘錶外觀更注重昂貴的裝飾。鐘錶高昂的生產成本吸引了整個歐洲的有錢人，貴族和皇室的注意。奢侈的設計，寶石和金屬的使用，使其成為每個上流人士追逐的理想目標。

　　西元 1675 年是懷錶跨入時尚風格出現嶄新風潮的一年，是男士們開始注重攜帶懷錶的重要一刻，懷錶的攜帶形式捨棄了原本掛在脖子上的設計，改以吊墜方式使用透過鏈子固定在皮帶或外套上。英國查爾斯二世可說是這項懷錶時尚的發起者，使這股風潮幾乎推廣至整個歐洲和北美，甚至在當時還引入了玻璃罩的保護，使懷錶真正成為了奢侈品，受到了時裝設計師和創新者的廣泛關注。

紐倫堡蛋與波曼德錶

　　1400 年代末期至 1500 年代初期，機械工程的製造技術水準已達到了可以生產簡單的彈簧裝置。1505 年德國紐倫堡的鎖匠和錶匠彼得・亨萊（Peter Henlein，1485~1542）製作了第一枚用於錶上的發條，而裝上這枚發條的錶是個尺寸較現今手錶大的蛋形觀賞錶，稱為紐倫堡蛋（Nuremberg Egg），上方只有一支指針，只能指示大致的時間，誤差大約在幾十分鐘。令人遺憾的是，1505 年的紐倫堡蛋這樣的鐘錶世界奇跡並未有物品傳世，僅剩下有關於記錄。

　　彼得・亨萊因可製造出小型彈簧動力黃銅鐘錶的能力而倍受讚譽，這種黃銅鐘錶在當時非常罕見且昂貴。由於受到當地和遠方貴族熱烈的要求，開始客製更為精緻漂亮和小巧，且可被當作吊墜佩戴或掛在衣服的蛋型觀賞錶，稱為「波曼德錶（pomander watches）」，被認為是計時歷史上的第一批手錶，並促成紐倫堡地區頸錶工業的興起。

　　世界上現存的兩個波曼德錶，一個可追溯到 1505 年，應歸屬於彼得·亨萊所擁有，錶殼外側底部刻有 M，D，V，P，H，N 等字樣，根據研究人員解析，M，D，V 三字母組合應為 1505 年，MDV 為羅馬數字表示方式，P，H 為 Peter Henlein 簡稱，N 則為 Nuremberg。另一件波曼德錶則為 1530 年，外殼底部刻"PHIL. MELA. GOTT. ALEIN. DIE. HER 1530"，全文英為"PHIL[IP]. MELA[NCHTHON]. GOTT. ALEIN. DIE. EHR[E] 1530"，即為 "Philip Melanchthon，to God alone the glory，1530"。這支錶應是由紐倫堡市送給當時紐倫堡的改革者腓力·墨蘭頓（Philipp Melanchthon，1497~1560）的禮物，而彼得·亨萊受委託製作這款個性化手錶。現今，這款 1530 年的波曼德錶歸巴爾的摩沃爾特斯藝術博物館所有。兩支現存的波曼德錶皆有鏤空的外殼包覆，含外殼尺寸約可視為直徑 4.7 公分左右的球體，以銅為材質，表層鍍上金和銀等金屬，錶殼上的穿孔可允許使用人在不打開手錶的情況下看到時間。

　　對於尺寸約為 3 英寸的波曼德錶來說，應該適合作為吊飾而不是放在口袋中。即使這些錶不方便攜帶而且錶的彈簧設計（發條）不是特別精確，彼得·亨萊的可攜帶式鐘錶作品還是很快地在歐洲引起轟動，受到歐洲廣大民眾的歡迎。彼得·亨萊雖然並不是第一位試圖將鐘錶小型化設計的人，也不是發條的發明者，但是他是第一位把發條放到錶內作為動力系統來成功完成小型化鐘錶的人，成果足以列入鐘錶發展史冊，因此被視為「鐘錶之父」。

波曼德錶

小知識 - 科普小故事

攜帶式鐘錶的描述最早出現於 1462 年，當時義大利鐘錶匠 Bartholomew Manfredi 在寫給 Marchese di Mantova Federico Gonzaga 的一封信中提到了送給對方一個比摩德納公爵更好的「懷鐘（pocket clock）」。

1505 年的波曼德錶得以在 1984 年重現於世，據說是一位製錶學徒在倫敦跳蚤市場挖寶時意外發現了它，隨即以 10 英鎊的價格買下整箱物品，後來經由仔細辯證確認為 1505 年由彼得‧亨萊製作的作品。

50 年代初期的機械時計說是貴族和富人的象徵，但其到底價值多昂貴呢？據記載，彼得‧亨萊於 1524 年 1 月 11 日以 15 弗羅林（Florin）或 15 古爾登（Gulden）的價格向該紐倫堡市出售了一個鍍金的紐倫堡蛋。若以一枚弗羅林幣價值約為現在 140~1000 美元來計算，這枚 1524 年的紐倫堡蛋鐘販售所得約為 2100~15000 美元。

航海鐘

航海鐘（marine timekeepers），又稱航海天文鐘或精密鐘（longitude watches or chronometer watches），是一種具備高精度且可攜帶的機械時計裝置，除指示時刻外，主要可透過時間間隔測量來進行航海定位和天文觀測。

在 GPS 和衛星等科技還沒發明前，遠洋航行中的船隻在茫茫大海中，必須透過經緯度測定來確定位置和航向。在大航海時代，基於貿易和拓展領地的航行需求下，經度問題隨之而來，航海家們用來進行海上定位的天體觀測僅能表示緯度的差異，滿天星斗中並沒有任何一個天體可直觀且準確地顯示經度的變化。因此航海家們只能依靠測量航速來換算船隻在精度方位的移動，以地球每 24 小時轉動一圈 360 度來說，經度 15 度變化約可產生 1 小時的時差，也就是說只要知道兩地時間差異，就可以知道兩地的精度差，所以時間測定才會在航行中相對重要。

1707 年，英國艦隊在戰勝法國艦隊之後的返航途中，卻因大霧迷失方

向，戰艦撞上海島沉沒造成 1500 多名水手死亡的意外，使得英國政府瞭解在海上尋找經度的重要性。1714 年，英國國會通過了《經度法案》（Longitude Act），規定任何人只要能找出在海上測量經度的方法，便可拿到 2 萬英鎊的巨額獎金，荷蘭、西班牙、法國也同樣推出類似獎勵制度，以尋求航行計時上的突破。

英國鐘錶匠約翰‧哈里森為了得到這筆豐厚獎金，開始潛心投入航海鐘的研發製作。1735 年，哈里森終於設計製作出第一台航海鐘，高約 67.3 公分，主要材質為黃銅，後人把它命名為 H1。H1 的獨特設計在於「蚱蜢擒縱器」的設計，兩個金屬擺錘的上下以彈簧連結，藉此解決海浪波動影響鐘擺頻率規律性的問題。在一次短途航海試驗結果，哈里森的航海鐘預測船隻位置只比實際位置向東偏 60 英哩，在當時是第一個相對成功的航海計時器，但誤差結果仍不符合經度委員會對航越大西洋設定的標準。因此哈里森持續改良設計，在 1739 年和 1757 年先後研發出 H2 和 H3，尺寸皆與 H1 相近，屬於龐然大物的時鐘，H2 更重達 40 公斤，這是因為當時的鐘錶界都認為只有大的鐘錶才會準確。

約 1750 年，哈里森意外發現懷錶的準時性與他的大航海鐘不相上下，而主要原因在於懷錶所使用的鋼鐵材料可以製作更堅固的小滾輪與拋光良好的擒縱軸。於是，1759 年，哈里森與他的兒子威廉哈里森製作出名為 H4 的航海錶，整體尺寸為 165mmx124mmx28mm，重量 1.45 公斤，表面直徑僅有 13 公分，使用垂直擒縱輪設計。H4 雖然在 81 天的遠征亞買加航行中取得了傑出的表現，只比實際慢了 5 秒鐘，經度誤差約 1.25 經分，誤差率遠小於經度委員會制定的標準，但卻沒有獲得委員會的認可。1770 年，哈里森製作出他的第二個航海錶 H5，並向英國國王喬治三世求援，終於在一番磨難下，H5 通過測試的精確表現獲得國王認可，在 1773 年命令英國國會及委員會頒發《經度法案》全額獎金予哈里森，而此時他已高齡 80 多歲。

1769 年，鐘錶匠拉克姆・肯德爾在複製 H4 的結構和設計原理製作了肯德爾航海錶 K1，隨後陸續製造出 K2、K3，均通過長時間的航海考驗，使得這類型的航海錶設計得到推廣。目前，哈里森的 H1、H2、H3、H4 以及肯德爾的 K1 等航海錶皆收藏於格林尼治天文臺博物館（National Maritime Museum，Greenwich，London），而 H5 則收藏於英國科學博物館（Science Museum：Clockmakers' Museum Gallery）。由於英國天文學家在經度問題的卓越功績，1884 年國際天文學界召開會議，正式把格林尼治皇家天文臺所在地定為本初子午線，也就是零經度。至此，地球被分成了東西兩個半球。

崛起的日本的製錶業

機械式時計傳到日本是在 1550 年的時候，由西班牙傳教士聖方濟・沙勿略（San Francisco Javier，1506~1552）於赴日傳教時攜來作為貢品，不過該時計在 1551 年就消失了。由於是舶來品，時計上的時刻標示採用的是西洋時刻（定時法時刻），而非江戶時代的日本所使用的時刻標示（不定時法時刻），因此在當時幾乎沒有實用性可言。

定時法是將一晝夜分割成 24 個小時，跟現在時法相同，不定時法則是將日出的時候訂為「明六」，接下來依序是五、四、九（正午）、八、七，下一個六則是日落的「暮六」，由此將白天切成六份，同樣地晚上也是切成六份，一晝夜總共分割成 12 刻。這套時法只有在日本國內通用。在不定時法中，每個月白天和晚上的長度都不同，因此時計也要配合這點作調校。而這樣的不定時法催生了所謂的「大名時計」。機械式時計在江戶時代是稀有品，因此時計是專屬於權力階級的，也是擁有一種豪奢裝飾的藝術品。

大名時計的歷史差不多隨著明治維新結束，以 1873 年為分界，在這之後不再有接單製作的大名時計，隨著維新，進口時計裝置開始輸入，特別是指來自美國高精度而低價格的機械式時計，而這一切都關係到維新政

府開始採用新制的曆法。

　　1873 年，日本開始採用基督教世界使用的陽曆，明治五年十二月六日直接變成明治六年一月一日，只是過去使用的太陰太陽曆要到明治四十二年才正式明令廢止。從此日本的時間觀念跟國際同調，大名時計的歷史也隨著不定時法一起終結了。然而終結大名時計的社會背景，反過來卻促成了新興鐘錶產業的發展。模仿列強的明治政府以「富國強兵・殖產興業」為口號，而鐘錶製造也成了日本資本主義經濟中的一環。

　　這波鐘錶製造從掛鐘開始，接下來是座鐘，然後才延伸到更小型的懷錶。當時的掛鐘是在工廠中以機械生產，不過懷錶卻一本西方的傳統，乃是一隻一隻手工製作的。然而到了明治中葉，高精度的懷錶也終於步入了量產。服部金太郎於 1892 年（明治二十五年）創立了 SEIKO（原精工舍），除此之外，愛知時計製造株式會社、高野時計製造所、林時計製造所也都在明治時期先後成立。

　　1907 年（明治四十年），精工舍生產的十二型懷錶 "Excellent" 獲選為天皇贈送給帝國大學、學習院、陸・海軍大學等校成績優秀學生的「恩賜」時計。在此之前的恩賜時計都是瑞士的歐米茄之流，對於 Excellent 的出線，可以說是在日本這門國內產業已經成熟到足以和國外名牌比肩的證明。進入大正時代，CITIZEN（原尚工舍時計研究所）、隆工舍等等也相繼成立，鐘錶產業遂一步一步融入資本主義社會。

向機械時計發起挑戰

　　我們應莫忘初衷，鐘錶的目的是為了能精準地計時，所以才會需要歷經數千年的時間，從觀天象、太陽計時、流體計時、燃燒計時等方式發展到了機械式計時裝置，但機械鐘錶就已經提供足夠的精確度了嗎？相信答案早就了然於心。

　　機械式鐘錶約從 19 世紀開始面臨正式挑戰，從動力系統、擒縱調速系統、錶盤呈現方式等方面提出改良和發明，以電能取代機械能，以石英振盪、音叉振盪和原子所產生的電磁波振盪等方式取代擺輪游絲或整個擒縱調速機構，以數位面板取代指針。最後，鐘錶計時變成附屬功能，等同一個微型電腦的智能錶取代了一切。

原子鐘

　　原子鐘（Atomic clock）是目前世界上最準確的一種時鐘，用來定義全球的時間標準。原子鐘的設計基礎為輻射波的頻率，因此可以達到極高且穩定的精度。當某種元素的原子或某種分子的電子在能階間轉換時，將會以某種頻率的輻射波形式釋放出能量，當此輻射波的振動頻率可被加以控制運用，將可成為鐘錶裡最為精密的振盪計時系統。這項高科技計時的概念在 1879 年就由開爾文所提出，而真正製作原子鐘的核心技術則由伊西多‧拉比在 1930 年代提出。1949 年美國國家標準局（National Bureau of Standards）製作第一座分子鐘，採用氨微波發射器，然而精度無法達到令人驚豔的程度，甚至不如石英鐘。

　　1955 年，路易斯‧埃森以銫 -133 原子製作世界上第一台原子鐘，自此之後，以氫原子和銣原子的原子鐘也相繼出現。這些原子鐘重新定義了「秒」的時間長度，可達到約 2000 萬年才出現一秒的誤差，對於天文、航太、資通訊、定位，甚至是宇航等尖端科技研究影響深遠。

音叉錶

　　音叉錶（Accutron）的型式眾多，且因動力源的振動頻率高，因此擁有極佳的精準度。BULOVA 在 1960 年推出其中一款音叉點子錶，電池輸入的

電力可使電磁鐵產生磁力，推動 U 型音叉以 360Hz 的穩定頻率往復振動，音叉的其中一個分叉連結有一個傳動叉或棘爪，可以來推動棘輪轉動。由於棘輪有相當高的齒數可與音叉的高頻振動搭配，所以音叉錶具備相當高的精準度。

要說音叉錶的缺點，就是在於它惱人的高頻噪音和磨耗。音叉錶高頻的擒縱作動，使原本尺寸就極為精微的棘輪容易產生摩損，即便使用耐磨耗材質也難逃此命運，精細的零件尺寸同時提高了加工難度和成本，也使音叉錶容易受振動外力影響產生走時的誤差。高頻率的振動雖然可以提升讓鐘錶運轉順暢，但在夜深人靜時，高頻產生的噪音有如夏夜蚊子發出的聲響，讓部分人士無法接受。

音叉錶以電力產生振動來取代發條作為動力，在同為電力產生振盪驅動走時的石英錶上市後，逐漸被市場淘汰，最終在 1977 年，音叉錶走入了鐘錶的歷史劃下了句號。

石英錶

1880 年，法國兩位物理科學家雅克・居里（Jacques Curie）和皮耶・居里（Pierre Curie）一同發現了壓電效應，某些材質具有能量轉換的特性，當物體在外力作用下（機械能）會產生對應電壓（電能），反之在電力作用下則可產生形變，石英就是具備這種特性的材料之一。於是在 1921 年第一個石英振盪器（quartz crystal unit）產生，一種可以利用電能來產生高精度和高頻率的振盪的電子元件，催生出 1967 年的第一支「（電子）石英錶」。

「石英錶」以石英振盪器取代了機械錶的擒縱調速系統。首先由電能驅使石英振盪器產生脈衝訊號，再將訊號傳至積體電路來驅動步進馬達，進而推動齒輪系並連結指針運轉，完成指針式錶盤的計時功能，發展至後期則有數位式石英錶，去除步進馬達，以電路經由數位面板顯示時間。

「石英錶」作動以電能為主，依電能提供的形式可有電池、光動能（ECO drive）、人動電能（Kinetic drive）以及 Spring drive 等四類，電池供電就不說了，光動能則是將光能轉換為電能儲存於電容器，人動電能則是透過自動盤帶動磁力線圈發電儲存於電容器。至於 Spring drive 如結合人體電能和傳統機械錶一般，藉由發條帶動磁力線圈產生電力，並以電容來儲電，這類機芯設計看似畫蛇添足，實際上被視為手錶的寧靜革命，運轉中幾乎已達到無聲境界，目前僅屬於 SEIKO 的專利設計。

小知識 - 科普小故事

在石英錶發明之餘，是否有石英鐘的出現呢？這個答案是肯定的，早在石英錶問世之前，石英鐘已於 1927 年就被提出，其原理都是利用石英震盪器的壓電原理，以脈衝波來產生如傳統鐘錶般的擒縱作用。

智能錶

現代人們認識的智能手錶可說是佩戴在手腕上的計算機，是可以具有手機，攜帶式音樂播放機、個人助理能力，甚至是生理監測的無線數位設備。

第一款智慧手錶是由史蒂夫‧曼 Steve Mann 於 1998 年開發的 Linux Watch。2000 年，SEIKO 在日本推出 Ruputer-- 它是一款腕錶電腦，有一個 3.6 MHz 的處理器。2004 年初，微軟發布了 SPOT 智能手錶。它擁有通過 FM 傳輸天氣，新聞，股票和運動成績等訊息的功能，只要花 39 美元到 59 美元來訂閱這些功能。智慧手機的開發及推出像潮水一般湧出，截至目前，製造智能手錶或參與智慧手錶開發的公司包括：Acer、Apple、BlackBerry、富士

康、google、LG、微軟、高通、Samsung、SONY、Toshiba、HP、HTC、Lenovo 和 Nokia 等，當然有許多公司在目前早已走入歷史，有些則另尋出路。

2014 年，Apple Inc. 發布了第一款名為 Apple Watch 的智慧手錶，並於 2015 年初上市。微軟發布了微軟 Band，一款智能健身追蹤器，也是自 2004 年初 SPOT 以來的第一款手錶。在 2018 年 9 月的主題演講中，Apple 推出了 Apple Watch 系列 4，它有一個更大的顯示屏和一個 EKG 功能來檢測心臟功能異常。

手錶總是與技術和發明齊頭並進，在過去的幾十年裡，我們已經真正看到了石英和電子手錶。最近隨著電腦和行動通訊行業的技術不斷擴展，各大公司還一直在試驗「智慧手錶」。為了跟上這些智慧手錶的步伐，許多奢侈手錶品牌正在推出自己的智慧手錶。

最後的殘喘

直到 70 年代前，歐洲一直是機械鐘錶的核心，瑞士鐘錶更是其中的代名詞，但在 50 年代末期逐漸掀起的第三次工業革命，一個屬於資訊科技的革命，早已悄悄地醞釀起機械鐘錶的可怕敵人。

1969 年，SEIKO 以石英錶帶來了機械鐘錶的致命危機，被稱為石英危機（quartz crisis）或稱石英革命（quartz revolution）。SEIKO 推出的第一支石英錶名為 Astron，使用石英晶體諧振器取代以每秒 5 次振動的振盪擺輪，由電池供電的振盪器電路驅動的振動為 8,192Hz，代替輪系將節拍分成秒、分鐘和小時。耐衝擊、零件少、維護保養簡單不需定期清潔、成本便宜、走時更精準等多項優點，無一不擊中機械式鐘錶的要害。隨後，第一款帶 LED 顯示屏的數字電子手錶由 Pulsar 於 1970 年開發。1974 年，Omega 推出 Marine Chronometer，這是第一款獲得天文台認證的石英錶，每年走時誤差可精確到每年 12 秒。

即便如此，機械鐘錶並未被扳倒，並沒有走入歷史或消失，而是轉型為一種品味與收藏和工藝與藝術的象徵。機械鐘錶成為一種奢侈品，瑞士鐘錶依然是頂尖翹楚，從錶面拋光到齒輪加工，鐘錶內的每個零件來自於專業技師之細心打磨製造，鐘錶由專業職人裝配而成。當然，昂貴的造價使得機械鐘錶變成了不是普羅大眾所能輕易擁有一塊錶，反倒成了一項收藏品或裝飾品。

機械式鐘錶即便走時不精確，但人們已不在乎，好比忘了時間的鐘，滴答滴答持續的走動，但享受的是它的缺陷美，而不是它的功能。

時制的現在與未來

地球的自轉讓人們早就意識到，地表各地方在同一個時候所看到的太陽在天空的位置不同，某些地區是白天，某些則會是黑夜，在航海時代開啟時，各地區或國家間更加需要一套共同認定的時間系統，可讓彼此聯繫。

一個公認的標準時間系統的概念早在進入世界地球村前就已開始，何況面臨著當前的物聯網時代，便利的網際網路讓機器可以遠距控制，而跨國視訊會議是十分稀鬆平常的事。當然，這些事情成立的前提是電腦和電腦間的溝通，工作系統必須有正確一致的時間；人與人的溝通，與會人員可以搞清楚會議時間。所謂的「時刻」必須要說清楚講明白，不是「幾點幾分」，更需指出「所處地點」，這也是時間系統的重要性。

假如今天我們可遨遊於太空，進行宇宙的跳島（星球）旅行，那以地球為基準的時間系統是否還可行呢？宇宙時間系統似有建立的前瞻必要性。

地方時、標準時、協調世界時間

　　我們在為電腦或手機設定時，必定會看到所在時區的選項，當我們切換不同時區，就會發現時間的差異。

　　「地方時」為大家平時最常接觸的時間，它是測量者在所在位置經度量測天體位置來定義時刻，以太陽連續兩次經過最高點（過中天）的時間定義為 24 小時，可以再細分為地方平太陽時、地方真太陽時。不同的測量點，所得到的時刻會有所不同，如：在同一瞬間，東京為早上 10 點，台灣為早上 9 點，這也就是將這種方式獲得的時刻稱為「地方時」的原因。

　　「地方時」的不同源自於地球自轉和所在地經度，要想將各地的地方時進行串聯，當然先把地球自轉簡化為穩定的轉動，以某一地點的天文台來測量地方時作為基準，再平均地在經度方向分割為 24 個時間間隔，從基準產生「時區」的概念。這個想法來自於 19 世界時期美洲的火車建造和使用需求，鐵路工程師史丹佛・佛萊明（Sandford Fleming，1827~1915）認為解決火車時刻表的問題，必須使用分區計時的想法來建立「時區」。這項想法在 1884 年的華盛頓國際子午線會議中提出時廣為國際所接納，因此開始有了分區計時的時間模式。但問題又來了，對於某一個龐大的州，即便只佔據一個時區（一個時區一小時），但它的最東側和最西側在地方時一定會產生差異，為此我們便再進一步定義每一時區的中心經度地方時為「標準時間」。

　　也許，我們早就注意到在時區系統中，雖然一個地球被分為 24 個時區，但到底誰是這個時間系統的領頭羊呢？由於時間測量來自天體觀測，因此在 1884 年的會議上便決定由英國格林威治天文台來負責測時這項工作，定義通過天文台的經線為 0 度經線，也就是本初子午線。最初，天文臺需經由一整年的觀察紀錄來取得每日的平均時間，定義出固定的一日長度，再往下分為時、分和秒。自 1924 年後，改為每小時向全世界進行通報。

　　從本初子午線為基準發展出東經和西經，兩個方向會在 180 度處交會。由本初子為線往東走則時間調前，往西走則時間調後，因此有「GMT 時間」出現，如：臺北為 GMT+8，表示我們是在本初子午線往東走八個時區（即東經 120 度）；當然如果您持續向東繞行一圈後，則手錶時間就將會整整前進一天，這會造成日期的混亂，會有消失或重複的一天的謬誤出現。因此，人們規定在經度 180 度處為國際換日線，也就是當我們往東飛行越過國際換日線時，日期要減去一天；反過來說，若往西飛行越過國際換日線時，則日期要加上一天。

　　「世界時（Universal Time，簡稱 UT）」，雖然也是以格林威治為基準，但是從當地的晚上 12 點（子夜時分）算起，視為格林威治的標準時間，是一種平太陽時的概念。然而，科技進步使得我們對於時間精準度的標準越來越高，我們知道地球並不是等速轉動，地球會有極移的現象，這些都會影響到每日時刻的定義，於是世界時發展出 UT0、UT1 和 UT2 等三個系統，UT0 即是天文直接量測的結果，UT1 則是考量極移現象對天文台位置的影響，因此為 UT0 的修正，UT2 則是考量了極移和地球季節性自轉速度變化。UT1 為目前最廣為使用的世界時版本，在時間調節上加入了閏秒的機制。

　　既然我們已經發現天體的運動速度受到許多因素影響而是不規律的，而時間是人類體制的需求所制定的；轉念一想，我們是否可以脫離觀象授時的觀念，使用另一種更為穩定的方式來作為計時基準的可能，「國際原子時」就是這樣一個跳脫既定框架下所發現的計時標準。「原子時（Atomic time，簡稱 AT）」的觀念是以原子進行能階變換時所產生的電磁波振盪頻率來定義，已知使用的有銫（Cs）原子、氫（H）原子、銣（Rb）原子等；1967 年，巴黎所舉行的第 13 屆國際度量衡委員會議決議「國際原子時（International Atomic time，簡稱 TAI）」以銫（Cs-133）原子作為衡量標準，放射波頻率 9,192,631,770Hz，使得 1 原子秒等於 1 星曆秒（1 星曆

秒 =1/31,556,925.9747 回歸年），作為「國際標準秒」。原子時每日的準確度可用納秒來計算，而世界時的準確度則只可用毫秒計，精確度提高了約1,000,000 倍。

　　「協調世界時間（Coordinated Universal Time，簡稱 UTC）」也被稱為「世界協調時」，它是以國際原子時的長度為基礎，可通過閏秒來抵消地球自轉變慢的影響，讓世界協調時間和世界時的誤差保持在 0.9 秒內，讓「協調世界時間」、「世界時」和「格林威治標準時間」盡可能維持一致，在協調世界時間系統裡，秒以下的時間單位是固定的，但是秒以上者（如：分、小時、天、周等）的時間長度是可體變動的。

　　時間的系統這麼多，但簡單點來看，就是精準度的不同。GMT 是舊系統，UT1 和 UTC 則是新系統，對於我們來說新舊系統幾乎沒有差異，但是對於電腦系統來講就影響甚大，尤其在國際通訊項目，如：衛星、航空、GPS⋯⋯等，均使用採用 UTC 時間來進行協議。

星際未來

　　時間好比語言，不同的國家和種族因共同的語言才可進行溝通，不同地區的人也須要有一致的時間制度才可交流，因此國際化或全球化的時間觀是一種在文化和科技上必然的演化趨勢。由於有了「世界標準時間」的觀念，我們的各種行動得以對應我們在地球上的位置，回饋即時的訊息，讓時間傳輸誤差極其微小，大幅提升 GPS 定位精度和速度之下，使物聯網、車聯網等各項資通訊科技也有了突破性進展。

　　從追求更精確的計時方式開始，人類不斷創新與突破，原子鐘技術的發明和原子時的定義，確實獲得一個更精微的時間單位，但更大的意義來自於以第三者的角度來看地球和宇宙萬物的運行。在本書的第二章裡我們知道了在每個星球上過日子是相當奇特的體驗，如果以太陽日來說，一個

水星日相當於 88 個地球日，一個金星日相當於 176 個地球日、一個火星日相當於 1.03 個地球日，一個木星日相當於 0.414 個地球日，一個土星日則約等於 0.444 個地球日。在金星上待上一天，地球上都快經過半年了，在木星上過上一天，地球則僅經過將近 10 個小時，這樣的錯亂時空，頗有「天上僅一日，世上已千年」的味道。若以恆星日的角度來看，那麼各星球又會是完全不同的對應時間，如果再考慮上軌道公轉週期產生的年，則真會讓人十分困擾，不願意面對。因此，以不受天體運動影響且具有穩定頻率的原子時來作為時間標準，應可免除天體運動本身的複雜性及變動。

　　航太科技的發達，人類開始朝更遠的太空探索，試圖找尋下一個可居住的星球。航行中的太空船裡或待命於某星球的太空人與地球溝通時，彼此需要即時且準確的時間標準。人類終有一日希望可以達成在太空中從這顆星球旅行到另一顆星球的夢想，星球間的溝通也需要穩定精確的時間單位來建立一致的時間系統，這就是我們未來的宇宙時間觀。

參考文獻

歷法改革，《維基百科》https://zh.wikipedia.org/wiki/ 歷法改革

遠鏡科學研究所的物理學和天文學的黑洞網站

松浦壯，2019。時間，原來是這樣：從牛頓力學、愛因斯坦相對論，到量子重力與弦論，探索時間本質之謎。馬可孛羅，台北

太陽系模型，http://blog.sciencenet.cn/blog-3296162-1110319.html

Steven Weinberg，2016. To Explain the World—The Discover of Modern Science，Harper Perennial Illustra tion Edition

陳方正，2009。繼承與叛逆—現代科學為何出現於西方。生活 · 讀書 · 新知三聯書店，北京

James Cleick，2004. Issac Newton，Vintage，New York

James A.Connor，2005. Kepler's Witch: An Astronomer's Discovery of Cosmic Order Amid Religious War，Political Intrigue， and the Heresy Trial of His Mother，HarperOne San Francisco.

Nicolaus Copernicus，1995. On the Revolutions of the Heavenly Spheres，Prometheus Books，New York.

Jeremy Brown，2013. Nicolaus Copernicus: A Commentary on the Hypothesis Concerning Celestial Motion，https://academic.oup.com/book/1751/chapter-abstract/141386969?redirectedFrom=fulltext

Max Planck: Copernicus Discovered Nothing，https://physicsworld.com/a/max-planck-the-reluctant-revolutionary/

Uranus and Naptune，http://www.lcse.umn.edu/astronomy1001/spring-2010/Lect04-2-1-10-chapter-2&3-2pp.pdf

Ptolemy's Model of the Solar System，http://farside.ph.utexas.edu/Books/Syntaxis/Almagest/node3.html

http://astro.unl.edu/naap/ssm/animations/ptolemaic.swf

布魯諾斯基 (Jacob Bronowski)，MacTutor History of Mathematics archive 威爾 · 杜蘭：世界文明史 (26) 智識的探險《文明的躍昇 - 人類文明發展史》(The Ascent of Man).

Planetary Astronomy from the Renaissance to the Rise of Astrophysics， Part A， Tycho Brahe to Newton (General History of Astronomy) 1st Edition by R. Taton (Editor)， C. Wilson (Editor).

Clute. John， and Peter Nicholls (ed)， The Encyclopedia of Science Fiction， New York; St. Martin's Press，1995.

Barry B. Kaplan ， 2020. Horology: An Illustrated Primer on the History， Philosophy， and Science of Time， with an Overview of the Wristwatch and the Watch Industry， Schiffer Publishing， Pennsylvania

《辭海》「周髀」詞條釋義，1948.10。

錢寶琮《蓋天說源流考》載「科學史集刊第一期」，1958。頁 P29-30。

《後漢書》，北京：中華書局，1975 年點校本，頁 2572。

屈萬里，《尚書集釋》，台北：聯經出版事業有限公司，1983.11，初，頁 6。

李燾，《續資治通鑑長編》第 16 冊，北京：中華書局，1986 年點校本，卷 220，頁 5360

陳遵嬀，《曆法・曆書》第五冊，1988.11。頁 75-80。

馮友蘭，《中國哲學史新編》第三冊，台北：藍燈文化事業股份有限公司，1991。

江曉原、謝筠譯注，《周髀算經》，瀋陽：遼寧教育出版社，1996。頁 79。

錢寶琮，《蓋天說源流考》，李儼、錢寶琮科學史全集（第 9 卷）瀋陽：遼寧教育出版社，1998，頁 430-459。

常玉芝，《殷商曆法研究》，長春：吉林文史出版社，1998.9。頁 424-426。

夏商周斷代工程專家組，《夏商周斷代工程 1996-2000 階段成果報告（簡本）》，北京：世界圖書出版公司，2000.10。

黃一農，《江陵張家山出土漢初曆譜考》，《考古》，2002 年第 1 期。

黃一農，《秦漢之際（前 220~ 前 202 年）朔閏考》，《文物》，2001 年第 5 期。

黃一農，《周家台 30 號秦墓曆譜新探》，《文物》，2002 年第 10 期。

鄺芷人，《陰陽五行及其體系》，台北：文津出版社，2003.7。頁 8。

馮時，《中國古代的天文與人文》北京：中國社會科學出版社，2006。

李約瑟，《中國科學技術史・天文學》，中國：科學出版社，2011.5。

何新，古典新論《夏小正》新考，北京：北京聯合出版傳媒，2014。

陳侃理《未名學者講座》，北京大學第二體育館 B102 報告廳，2017。

陳侃理，《秦漢的歲星與歲陰》，中華書局，2020。

《滿文密本檔》，北京：第一歷史檔案館藏，卷 149，頁 695-943。

《夏小正第四十七》，《大戴禮記一》，《四部叢刊初編》，(景無錫孫氏小淥天藏明
　　袁氏嘉趣堂刊本)，頁 34。

曹仁虎《七十二候考》，《清嘉慶南滙吳氏聽堂刊藝海珠塵本》，頁 16-17。

屈萬里，《尚書集釋》，台北：聯經出版事業有限公司，1983.11，初。頁 6。

李燾，《續資治通鑑長編》第 16 冊，北京：中華書局，1986 年點校本，卷 220，頁
　　5360。

陳遵媯，《曆法 ・ 曆書》第五冊，1988.11。頁 75-80。

參見馮友蘭，《中國哲學史新編》第三冊，台北：藍燈文化事業股份有限公司，1991。

江曉原、謝筠譯注，《周髀算經》，瀋陽：遼寧教育出版社，1996。頁 79。

錢寶琮，《蓋天說源流考》，李儼、錢寶琮科學史全集 (第 9 卷) 瀋陽：遼寧教育出版社，
　　1998，頁 430-459。

常玉芝，《殷商曆法研究》，長春：吉林文史出版社，1998.9。頁 424-426。

夏商周斷代工程專家組，《夏商周斷代工程 1996-2000 階段成果報告（簡本）》，北京：
　　世界圖書出版公司，2000.10。

張培瑜、陳美東、薄樹人和胡鐵珠，《中國古代曆法》，中國科學出版社 (北京)，
　2008 年 3 月。

張培瑜，《三千五百年曆日天象》，大象出版社，1997 年 7 月。

《中國先秦史曆表》，齊魯書社 (濟南)，1987 年 6 月。

圖片來源

第一章
- 「西元 2006 年國際天文聯合會將冥王星排除於太陽系的行星之外，定義為矮行星」
  https://wordgod.pixnet.net/blog/post/30206376，重繪
- 「2016~2035 年火星最接近地球的時間」，日本國立天文台 https://www.nao.ac.jp/astro/feature/mars2020/
- 「木星雲及木星大紅斑」，https://hk.on.cc/int/bkn/cnt/news/20140223/photo/bknint-20140223045714245-0223_17011_001_01p.jpg?20140223055924
- 「地球結構」，https://www.sciencenewsforstudents.org/article/explainer-earth-layer-layer，重繪

第二章
- 「北斗七星或仙后座尋找北極星」，https://prodapo.pixnet.net/blog/post/102789760，重繪
- 「進動（precession）又稱歲差現象」，https://ast.wikipedia.org/wiki/Nutaci%C3%B3n#/media/Ficheru:Praezession.svg，重繪
- 「日行跡圖」，編輯繪製

第三章
- 「埃及的古晷」，https://ikh.tw/hrufo/?pn=vw&id=phr1yt44yug4
- 「格里曆公告」，https://tech.sina.cn/2019-12-13/detail-iihnzahi7170636.d.html
- 「短暫實施的蘇聯曆」https://zh.wikipedia.org/wiki/%E8%8B%8F%E7%B B%B4%E5%9F%83%E9%9D%A9%E5%91%BD%E5%8E%86%E6%B3%95#/media/File:Soviet_calendar_1930_color.jpg

第四章
- 「赫拉克利德斯·彭提烏斯地心太陽系模型」，https://link.springer.com/chapter/10.1007/978-1-4419-8116-5_19
- 「柏拉圖 / 歐多克斯 / 亞里士多德天體模型」，http://homework.uoregon.edu/pub/emj/121/lectures/aristotle.html，重繪
- 「克勞迪烏斯‧托勒密」，https://upload.wikimedia.org/wikipedia/commons/thumb/1/16/Ptolemy_16century.jpg/786px-Ptolemy_16century.jpg
- 「本輪均輪幾何模型」，https://www.pinterest.com/pin/617908011351853081/，重繪
- 「同心球模型」，http://www.ezizka.net/astronomy/lessons/topicslesson03/topic01esson03.htm，重繪
- 「哥白尼的著作《天體運行論》」，https://upload.wikimedia.org/wikipedia/commons/thumb/6/6d/Nicolai_Copernici_torinensis_De_revolutionibus_orbium_coelestium.djvu/page1-300px-Nicolai_Copernici_torinensis_De_revolutionibus_orbium_coelestium.djvu.jpg，https://upload.wikimedia.org/wikipedia/commons/thumb/9/95/Copernican_heliocentrism_theory_diagram.svg/585px-Copernican_heliocentrism_theory_diagram.svg.png
- 「半地心模型」，https://en.wikipedia.org/wiki/Tychonic_system#/media/File:Tychonian.png

- 「克卜勒的著作《新天文學》」，https://upload.wikimedia.org/wikipedia/commons/thumb/6/62/Astronomia_Nova.jpg/220px-Astronomia_Nova.jpg，https://upload.wikimedia.org/wikipedia/commons/thumb/e/eb/Kepler_astronomia_nova.jpg/355px-Kepler_astronomia_nova.jpg
- 「克卜勒模型」，https://calisphere.org/item/f6172dbf5c9ebb7564bc7b3b553a2540/
- 「克卜勒定律」，https://learnfatafat.com/keplers-law-of-planetary-motion/，重繪
- 「牛頓的著作《自然哲學的數學原理》」，https://upload.wikimedia.org/wikipedia/commons/thumb/1/17/Prinicipia-title.png/330px-Prinicipia-title.png

第七章
- 「巨石陣」，https://upload.wikimedia.org/wikipedia/commons/6/63/Stonehenge_Closeup.jpg
- 「圭表」，https://commons.wikimedia.org/wiki/File:Ancient_Beijing_observatory_06.jpg，重繪
- 「攜帶摺疊式日晷（Nuremberg，German Nuremberg，1598AD）」，https://www.metmuseum.org/art/collection/search/188849
- 「赤道式日晷及地平式日晷」，https://wemp.app/posts/dcd2c150-06f9-4cb1-b883-3c698aa3e38c，https://en.wikipedia.org/wiki/Sundial#/media/File:Melbourne_sundial_at_Flagstaff_Gardens.JPG
- 「唐朝呂才漏刻復原品」，羅丹天時國際有限公司提供
- 「洩水型沉箭式單漏」，https://kyart1688.pixnet.net/blog/post/286654340，重繪
- 「授水型浮箭式漏刻」，https://news.4k3.org/e/archives/284631，重繪、https://www.newton.com.tw/wiki/%E9%8A%85%E5%A3%BA%E6%BB%B4%E6%BC%8F，重繪
- 「唐朝呂才漏刻為「計時」儀器；唐鐘為「報時」儀器」，羅丹天時國際有限公司提供
- 「大明殿燈漏(李志超)」，https://www.xuehua.us/a/5eb6f7f686ec4d1abb79d02a?lang=zh-hk
- 「埃及水鐘，1400BC」，https://search.creativecommons.org/photos/6dbb897d-ed18-4561-88e5-62cd4ca9f178，重繪
- 「克特西比烏斯的水鐘設計」，https://en.wikipedia.org/wiki/Ctesibius#/media/File:ARAGO_Francois_Astronomie_Populaire_T1_page_0067_Fig16-17.jpg
- 「臺灣科技大學陳羽薰教授復原五倫沙漏」，台灣科技大學陳羽薰教授
- 「蠟燭鐘」，https://www.vecteezy.com/vector-art/25557372-candle-and-oli-lamp-clock-ink-sketch-isolated-on-white-background-hand-drawn-vector-illustration-retro-style，https://www.shutterstock.com/zh/image-vector/candle-oli-lamp-clock-ink-sketch-1734590732
- 「渾儀」，https://zh.wikipedia.org/wiki/%E7%92%B0%E5%BD%A2%E7%90%83%E5%84%80#/media/File:EB1711_Armillary_Sphere.png
- 「蘇頌渾儀復刻品」，羅丹天時國際有限公司提供

- 「地動儀照片（左）、張衡渾天儀（右）」，https://www.newton.com.tw/wiki/%E6%B8%BE%E8%B1%A1，https://bkimg.cdn.bcebos.com/pic/a2cc7cd98d1001e9d831b2a1bf0e7bec54e7970b?x-bce-process=image/resize,m_lfit,w_268,limit_1
- 「仰儀」，林建良提供
- 「水運儀為水運儀象台之動力系統」，羅丹天時國際有限公司提供
- 《新儀像法要》，http://amc.stust.edu.tw/Sysid/amc/sub3/333.jpg
- 「安提基瑟拉復原模擬（左，正面：右，背面）」，林建良提供
- 「登封測景台」，https://zh.m.wikipedia.org/wiki/%E7%99%BB%E5%B0%81%E8%A7%82%E6%98%9F%E5%8F%B0

第八章
- 「冠狀擒縱器」，https://prodapo.pixnet.net/blog/post/102789760，重繪
- 「錨形擒縱器」，https://ast.wikipedia.org/wiki/Nutaci%C3%B3n#/media/Ficheru:Praezession.svg，重繪
- 「陀飛輪」，https://kknews.cc/fashion/k3ne8vv.html
- 「波曼德錶」，https://en.wikipedia.org/wiki/Watch_1505#/media/File:PHN_-_Watch_1505.jpeg
- 「索爾茲伯里座堂鐘」，https://commons.wikimedia.org/wiki/File:The_Old_Clock_at_Salisbury_Cathedral.jpg
- 「原子鐘」，https://hackaday.com/2014/11/27/jaw-dropping-atomic-clock-build/
- 「時間之樹」，洪士勛繪

國家圖書館出版品預行編目（CIP）資料

是誰發明了時間：從天文、曆法、到時計的時間簡史 / 林俊杰，林建良，洪士勛作 . -- 初版 . --
臺北市：墨刻出版股份有限公司出版：英屬蓋曼群島商家庭傳媒股份有限公司城邦分公司發
行，2023.12
　　面；　公分
　　ISBN 978-986-289-954-0(平裝)
　　1.CST: 宇宙論 2.CST: 時間 3.CST: 曆法
323.9　　　　　　　　　　　　　　　　　　112019517

是誰發明了時間

從天文、曆法、到時計製造的時間簡史

作　　　者	林俊杰、林建良、洪士勛
編 輯 總 監	饒素芬
圖 書 設 計	袁宜如

發　行　人	何飛鵬
事業群總經理	李淑霞
社　　　長	饒素芬
出 版 公 司	墨刻出版股份有限公司
地　　　址	台北市民生東路 2 段 141 號 9 樓
電　　　話	886-2-25007008
傳　　　真	886-2-25007796
E M A I L	service@sportsplanetmag.com
網　　　址	www.sportsplanetmag.com

發　　　行	英屬蓋曼群島商家庭傳媒股份有限公司城邦分公司
	地址：104 台北市民生東路 2 段 141 號 2 樓
	讀者服務電話：0800-020-299
	讀者服務傳真：02-2517-0999
	讀者服務信箱：csc@cite.com.tw
	城邦讀書花園：www.cite.com.tw

香 港 發 行	城邦 (香港) 出版集團有限公司
	地址：香港灣仔駱克道 193 號東超商業中心 1 樓
	電話：852-2508-6231
	傳真：852-2578-9337

馬 新 發 行	城邦 (馬新) 出版集團有限公司
	地址：41, Jalan Radin Anum, Bandar Baru Sri Petaling, 57000 Kuala Lumpur, Malaysia
	電話：603-90578822
	傳真：603-90576622

經 　 銷 　 商	聯合發行股份有限公司 (電話：886-2-29178022)、金世盟實業股份有限公司
製　　　版	漾格科技股份有限公司
印　　　刷	漾格科技股份有限公司
城 邦 書 號	LSK008

I S B N 978-986-289-954-0 (平裝)
E I S B N 9789862899533 (EPUB)
定價 420 元
2023 年 12 月初版